不能作为 宠物养的常见 珍贵 濒危 动物图鉴

[主编]

周用武
韩焕金
刘昌景

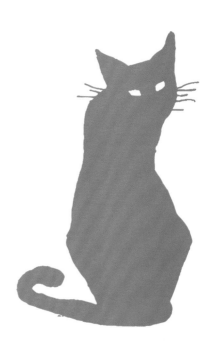

知识产权出版社

全国百佳图书出版单位

图书在版编目（CIP）数据

不能作为宠物养的常见珍贵濒危动物图鉴 / 周用武,韩焕金, 刘昌景主编.
— 北京：知识产权出版社,2017.9

ISBN 978-7-5130-5095-1

Ⅰ.①不… Ⅱ.①周… ②韩… ③刘… Ⅲ.①濒危动物－图集 Ⅳ.①Q111.7-64

中国版本图书馆CIP数据核字（2017）第211546号

内容提要

本书关注的是经常被视为宠物中的一些珍贵、濒危野生动物，豢养这些宠物有可能会构成违法犯罪。本书可帮助宠物爱好者慎重挑选宠物，避免购买国家重点保护的珍贵、濒危野生动物作为宠物；也可以为野生动物保护执法机关的执法办案提供帮助，打击非法收购、运输和出售珍贵、濒危野生动物的违法犯罪行为；还可以作为科普读物，为大中小学生中喜欢豢养宠物的朋友们合法豢养宠物提供帮助。

责任编辑：李小娟　　　　　　　　**责任出版：刘译文**

不能作为宠物养的常见珍贵濒危动物图鉴
BUNENG ZUOWEI CHONGWU YANG DE CHANGJIAN ZHENGUI BINWEI DONGWU
TUJIAN

周用武　　韩焕金　刘昌景　　主编

出版发行：	知识产权出版社 有限责任公司	网　　址：	http:// www. ipph. cn
电　　话：	010－82004826		http://www. laichushu.com
社　　址：	北京市海淀区气象路50号院	邮　　编：	100081
责编电话：	010－82000860转8531	责编邮箱：	61026557@qq.com
发行电话：	010－82000860转8101	发行传真：	010－82000893
印　　刷：	北京科信印刷有限公司	经　　销：	各大网上书店、
			新华书店及相关专业书店
开　　本：	880mm×1230mm　1/32	印　　张：	9.875
版　　次：	2017年9月第1版	印　　次：	2017年9月第1次印刷
字　　数：	153千字	定　　价：	68.00元

ISBN 978-7-5130-5095-1

前　言

随着社会的进步、经济水平的长足发展和全球经济活动的日趋活跃，中国城市化进程也进一步加快，大多数普通民众的生活水平得到了显著提高，生活方式也呈现多样化。然而，随着城市化进程的加快，城市里的一些弊端也逐渐呈现出来。人与人之间的情感交流越来越少，情感的缺失、空虚、寂寞越来越常见，追求新鲜、奇特和刺激的情形越来越严重，这样也导致城市中豢养宠物的人越来越多，特别是异类宠物走俏中国。全国乃至全世界各地的野生动物通过各种渠道流入到中国宠物爱好者的手中，由此也带来了一系列问题。宠物的最初种源都来自野外，为繁殖这些宠物必然要到野外去捕捉，对野外动物的大量捕捉就会影响到物种的生存。走私进来的野生动物被随意遗弃或放生造成物种入侵，如鳄鱼龟、食人鲳等物种已在中国造成了危害。野生动物在流动过程中，大多数情况下都没有合法的手续，也不可能通过严格的检验检疫，因此非常容易带来一些疫病。

本书关注的是宠物中的一些珍贵、濒危野生动物，豢养这些宠物有可能会构成违法犯罪。《中华人民共和国刑法》第三百四十一条规定非法猎捕、杀害珍贵、濒危野生动物罪；非法收购、运输、出售珍贵濒危野生动物罪，非法猎捕、收购、运输、出售国家重点保护的珍贵、濒危野生动物的行为都构成犯罪。《最高人民法院关于审理破坏野生动物资源刑事案件具体应用法律若干问题的解释》（法释〔2000〕37号）明确提出"刑法第三百四十一条第一款规定的'珍贵、濒危野生动物'，包括列入国家重点保护野生动物名录的国家一、二级保护野生动物、列入《濒危野生动植物种国际贸易公约》附录一、附录二的野生动物以及驯养繁殖的上述物种"。豢养这些宠物如果没有办理相关手续可能只是违法还不构成犯罪，但这些宠物到宠物爱好者手中，就会出现购买、运输或者出售的行为，这些行为是构成犯罪的。

近几年来，国家林业局森林公安司法鉴定中心接到办案机关对此类宠物的鉴定委托非常多,且从案情介绍的情况来看绝大多数买卖珍贵、濒危野生动物当宠物的违法犯罪嫌疑人都是十几岁到三十来岁,出于新奇、刺激、好玩等心态。当然有一部分是从中看到了所谓的商机,选择了有意或者无知而忽略法律法规和国际公约的规定,忘记了相应的社会责任。为了帮助宠物爱好者认识目前一些作为宠物的国家重点保护的珍贵、濒危野生动物,自觉抵制此类宠物的养殖,避免无意中触犯法律,酿成大祸;也为了帮助相关执法人员更好地识别鉴定宠物中的珍贵、濒危野生动物,避免错判、漏判保护动物,造成错案的发生,笔者收集了案件中出现频次比较高的作为宠物的一些珍贵、濒危野生动物的资料,编著此书。

为方便读者的查阅和使用,本书设计为口袋书,有利于携带和随时翻阅。有时候,提供的信息越多也越容易被别有用心的人利用,所以本书只介绍了一些识别特征和分类地位与保护级别,而略去了分布地和物种的其他信息。物种的选取原则是根据国家林业局森林公安司法鉴定中心近几年案件中鉴定的频次来决定的,并不保证全面。每个物种的保护级别中如果没有列出中国的保护级别,就代表该物种在中国无自然分布,特作此说明。

书中所用图片除特别标注的以外,都选取自森林公安机关、食品药品生态环境侦查公安机关、海关缉私机关、林业局、工商局等办案单位委托国家林业局森林公安司法鉴定中心鉴定的相关涉案动物的照片。在此,特向相关办案单位表示衷心的感谢!另外,在编著过程中,国际野生物贸易研究组织(the Wildlife Trade Monitoring Network,TRAFFIC)的徐玲女士、科学出版社的唐继荣先生、无锡市农业委员会的谢决明先生,宁夏回族自治区森林公安局的王嘉警官,贵州省铜仁市森林公安局以及国家林业局森林公安司法鉴定中心的领导和同事们都给予了许多帮助,特别是郭海涛、蒋敬、侯森林、李一琳、刘大伟同志提供了意见和图片,一并表示感谢!

本书可帮助宠物爱好者慎重挑选宠物,避免购买国家重点保护的珍贵、濒危野生动物作为宠物;也可以为野生动物保护执法机关的执法办案提供帮助,打击非法收购、运输和出售珍贵、濒危野生动物的违法犯罪行为;还可以作为科普读物,对大中

小学生中喜欢豢养宠物的朋友们合法豢养宠物提
供帮助。

　　由于笔者水平所限,本书中很多物种来自国
外,相关资料欠缺,错漏之处不可避免,敬请读者批
评指正,以便今后的修正。

编　者

2017年5月

目　录/CONTENTS

—— 珍贵濒危鸟类 ——

鸡形目

Galliformes

鹦形目

Psittaciformes

鸮形目
Strigiformes

—— 珍贵濒危爬行动物 ——

龟鳖目
Testudines

蜥蜴目
Sauria

蛇目
Serpentes

鳄目

Crocodylia

—— 珍贵濒危哺乳动物 ——

灵长目

Promates

—— 珍贵濒危两栖动物 ——

珍贵濒危鸟类

隼形目 FALCONIFORMES

鹰科（*Accipitrdae*）

苍鹰（*Accipiter gentilis*）亚成体

特征：

1）眉纹不明显，耳羽褐色，嘴黑，虹膜黄色，蜡膜黄
绿色；

2）上体为褐色，有不明显暗斑点；

3）腹部淡黄褐色，有黑色纵行点斑；

4）尾羽黑褐色，具3~5道显著的黑褐色横斑；

5）趾黄，爪黑。

分类及保护级别：

苍鹰属于鹰属（*Accipiter*），被列入国家二级重点
保护野生动物名录和华盛顿公约（Convention on
International Trade in Endangered Species，CITES）附
录二。

苍鹰（ *Accipiter gentilis* ）成体

特征：

1）前额、头顶、枕和头侧黑褐色，颈部羽基白色；

2）眉纹白色，耳羽黑色，嘴黑，虹膜黄色，蜡膜黄绿色；

3）上体到尾灰褐色，喉部有黑褐色细纹，胸、腹、两胁和腿上覆羽布满较细的褐色横纹；

4）尾羽黑褐色，具3~5道黑褐色横斑；

5）趾黄，爪黑。

分类及保护级别：

苍鹰属于鹰属（ *Accipiter* ），被列入国家二级重点保护野生动物名录和CITES附录二。

普通鵟(*Buteo buteo*)

特征:

1)嘴灰色,端黑,虹膜黄色,蜡膜黄色;

2)上体深红褐色,脸侧皮黄具近红色纵纹,髭纹栗色显著;

3)下体偏白,具棕色纵纹,初级飞羽基部具白色块斑;

4)尾羽暗褐色,具4~5条不显著的黑褐色横斑;

5)趾黄,爪黑。

分类及保护级别:

普通鵟属于鵟属(*Buteo*),被列入国家二级重点保护野生动物名录和CITES附录二。

松雀鹰（ *Accipiter virgatus* ）

特征：

1）嘴黑，虹膜黄色；

2）上体深灰色，尾具粗横斑，下体白，两胁棕色且具褐色横斑；

3）喉白而具黑色喉中线，有黑色髭纹；

4）跗蹠大部不被羽毛；

5）脚及趾黄，爪黑。

分类及保护级别：

松雀鹰属于鹰属（ *Accipiter* ），被列入国家二级重点保护野生动物名录和CITES附录二。

白尾鹞（ *Circus cyaneus* ）

特征：

1）嘴灰色，基部带蓝；

2）体羽蓝灰色，后枕羽端稍缀黑褐色，尾上覆羽白色；

3）眼先具黑须，颊及耳羽沾黑褐色；

4）初级飞羽大都黑色，颔、喉至胸部与背面为灰色，腹部至尾下腹羽、腋羽、翅下覆羽纯白；

5）趾黄，爪黑。

分类及保护级别：

白尾鹞属于鹞属（ *Circus* ），被列入国家二级重点保护野生动物名录和CITES附录二。

白腹鹞（ *Circus spilonotus* ）

特征：

1）体型中等（体长约50cm）的深色鸟类；

2）上体黑褐色，具棕色或污白色斑点；

3）下体大都白色，在喉和胸部缀褐色羽干纹；

4）尾羽银灰色；

5）嘴黑色，蜡膜黄色，脚黄色。

分类及保护级别：

白腹鹞属于鹞属（ *Circus* ），被列入国家二级重点保护野生动物名录和CITES附录二。

黑翅鸢（ *Elanus caeruleus* ）

特征：

1）中小型鹰类，体长 32cm 左右；

2）全身毛色以黑、白和灰为主体颜色；

3）眼周及眼先有黑斑，额及颈为灰白色；

4）身体背面为灰色，腹面为白色；

5）显著特征为肩部具黑色狭长的斑纹；

6）尖翅，初级飞羽黑色；

7）趾黄，爪黑。

分类及保护级别：

黑翅鸢属于黑翅鸢属（ *Elanus* ），被列入国家二级重点保护野生动物名录和 CITES 附录二。

乌雕(*Aquila clanga*)

特征:

1)体型较大(体长约70cm)的全深褐色雕类;

2)羽衣其尾上覆羽均具白色的"U"形斑;

3)跗跖完全被羽,腿覆羽棕褐色无斑;

4)嘴黄色,端部黑色,具黄色蜡膜,鼻孔开口于其上;

5)鼻孔较圆,眼先具须。

分类及保护级别:

乌雕属于雕属(*Aquila*),被列入国家二级重点保护野生动物名录和CITES附录二。

蛇雕（ *Spilornis cheela* ）

特征：

1）中等体型（体长约50cm）的深色雕；

2）上体深褐色，下体褐色；

3）头顶冠羽黑色，羽基白色；

4）跗跖基部被羽，余部被网鳞；

5）腹、胁、臀及翅下有白色的点斑。

分类及保护级别：

蛇雕属于蛇雕属（ *Spilornis* ），被列入国家二级重点保护野生动物名录和CITES附录二。

金雕（*Aquila chrysaetos*）

特征：

1）较大体型（体长约85cm）的深褐色雕类；

2）喙大而强，蜡膜黄色；

3）头后、枕和后颈羽毛尖锐，呈披针状，颜色金黄；

4）嘴端部黑色，基部蓝灰色；

5）跗跖被羽，尾圆、趾黄、爪黑。

分类及保护级别：

金雕属于雕属（*Aquila*），被列入国家一级重点保护野生动物名录和CITES附录二。

雀鹰（ *Accipiter nisus* ）

特征：

1）体型中小型（体长约35cm）的鹰类；

2）上体灰褐色，下体灰白具棕色横斑；

3）胫部具有灰褐色横斑；

4）尾部具有深色横斑；

5）跗跖被靴状鳞（鳞片间界限不明显）。

分类及保护级别：

雀鹰属于鹰属（ *Accipiter* ），被列入国家二级重点保护野生动物名录和CITES附录二。

褐耳鹰（*Accipiter badius*）

特征：

1）体型中小型（体长约33cm）的鹰类；

2）上体浅蓝灰色与黑色的初级飞羽成对比；

3）喉白并具浅灰色纵纹；

4）胸及腹部具棕色及白色细横纹；

5）尾上具深色横纹。

分类及保护级别：

褐耳鹰属于鹰属（*Accipiter*），被列入国家二级重点保护野生动物名录和CITES附录二。

赤腹鹰（*Accipiter soloensis*）

特征：

1）体型中小型（体长约33cm）的鹰类；

2）上体淡蓝灰，背部羽梢略呈白色；

3）下体颜色甚浅，偏粉白色；

4）胸及两胁略沾粉色，外侧尾羽具横斑；

5）蜡膜和脚呈橘黄色。

分类及保护级别：

赤腹鹰属于鹰属（*Accipiter*），被列入国家二级重点保护野生动物名录和CITES附录二。

凤头鹰（*Accipiter trivirgatus*）

特征：

1）体型中等（体长约42cm）的鹰类；

2）喙灰色，头部具有羽冠；

3）上体灰褐，两翼及尾具横斑；

4）胸部具纵纹，腹部及大腿具粗横斑；

5）跗跖不被羽毛；

6）蜡膜黄色，脚黄色，爪黑色。

分类及保护级别：

凤头鹰属于鹰属（*Accipiter*），被列入国家二级重点保护野生动物名录和CITES附录二。

草原雕（*Aquila nipalensis*）

特征：

1）体型较大（体长约65cm）的深褐色雕；

2）上体及下体均深褐色；

3）尾端白色及翼后缘白色与黑色飞羽成对比；

4）两翼具深色后缘；

5）跗跖被深褐色羽毛；

6）蜡膜黄色，脚黄色，爪黑色。

分类及保护级别：

草原雕属于雕属（*Aquila*），被列入国家二级重点保护野生动物名录和CITES附录二。

白腹隼雕(*Hieraaetus fasciata*)

特征：

1）体型较大(体长约59cm)的猛禽；

2）胸部色浅，具深色的纵纹；

3）尾部色浅，并具黑色端带；

4）翼下覆羽色深，具有浅色的前缘；

5）跗跖被羽，趾黄色，爪黑色；

6）嘴灰色，蜡膜黄色。

分类及保护级别：

白腹隼雕属于隼雕属(*Hieraaetus*)，被列入国家二级重点保护野生动物名录和CITES附录二。

隼科（*Falconidae*）

猎隼（*Falco cherrug*）

特征：

1）体型较大（体长约40cm）的隼类；

2）眼下方具不明显黑色线条，眉纹白；

3）颈背偏白，头顶浅褐；

4）上体多褐色而略具横斑，尾具狭窄的白色羽端；

5）下体偏白，狭窄翼尖深色，翼下大覆羽具黑色细纹；

6）虹膜褐色，嘴灰色，脚浅黄。

分类及保护级别：

猎隼属于隼属（*Falco*），被列入国家二级重点保护野生动物名录和CITES附录二。

红隼（*Falco tinnunculus*）

特征：

1）体型中等（体长约30cm）的隼类；

2）上体赤褐色且具黑色横斑；

3）下体皮黄色具黑色纵纹；

4）眼下可见黑色髭纹；

5）尾具宽阔黑色次端斑；

6）嘴灰而端黑，趾黄，爪黑。

分类及保护级别：

红隼属于隼属（*Falco*），被列入国家二级重点保护野生动物名录和CITES附录二。

阿穆尔隼（*Falco amurensis*）

特征：

1）体型中等（体长约30cm）的隼类；

2）背及尾灰，尾具黑色横斑；

3）喉白，眼下有黑色线状斑纹；

4）下体乳白，胸具醒目的黑色纵纹，腹部具黑色横斑；

5）腿、腹部及臀部棕色；

6）嘴灰，蜡膜红，趾红，爪黄。

分类及保护级别：

阿穆尔隼属于隼属（*Falco*），被列入国家二级重点保护野生动物名录和CITES附录二。

游隼（*Falco peregrinus*）

特征：

1）体型较大（体长约45cm）的隼类，翅长且尖；

2）头至后颈灰黑色，颊近黑或具黑色条纹；

3）上体蓝灰色具深色斑点；

4）下体黄白色，胸具细纵纹；

5）腹、腿和尾具数条黑色横带；

6）趾黄色，爪黑色。

分类及保护级别：

游隼属于隼属（*Falco*），被列入国家二级重点保护野生动物名录和CITES附录一。

燕隼（*Falco subbuteo*）

特征：

1）体型中小型（体长约30cm）的隼类；

2）头至后颈灰黑色，具细细的黄白色眉纹；

3）颊部具黑色髭纹，颈侧和喉部黄白色；

4）上体为暗蓝灰色，翼下具黑褐色横纹；

5）胸部和腹部均为黄白色，具黑色纵纹；

6）下腹、臀及腿覆羽为棕栗色。

分类及保护级别：

燕隼属于隼属（*Falco*），被列入国家二级重点保护野生动物名录和CITES附录二。

鸡形目 GALLIFORMES

雉科（ *Phasianidae* ）

红腹角雉（ *Tragopan temminckii* ）

特征：

1）体型较大（体长约68cm）尾短的雉类；

2）雄性体色绯红，上体有带黑色外缘的小白色圆形斑，下体具灰白色椭圆形点状斑；

3）雄性头黑，眼后有金色条纹，脸部裸皮蓝色；

4）雌性羽色暗哑，以灰褐色为主，与雄性有类似点状斑；

5）跗跖前缘被双列盾鳞；

6）嘴角质褐色，腿、脚粉红色。

分类及保护级别：

红腹角雉属于角雉属（ *Tragopan* ），被列入国家二级重点保护野生动物名录。

鹦鹉科 (*Psittacidae*)

大紫胸鹦鹉 (*Psittacula derbiana*)

特征:

1) 体型中等 (体长约48cm) 的长尾鹦鹉;

2) 雄性上喙橙红色,下喙黑色,雌性上下喙均黑色;

3) 鸟体总体颜色为绿色,前额和鸟喙之间有一条黑色斑纹;

4) 下巴以及脸颊下方有一条很宽的黑色斑纹;

5) 头部及脸颊为蓝紫色,胸腹部为绯红色;

6) 尾羽蓝绿色,脚趾灰色。

分类及保护级别:

大紫胸鹦鹉属于环颈鹦鹉属 (*Psittacula*),被列入国家二级重点保护野生动物名录和CITES附录二。

绯胸鹦鹉（ *Psittacula alexandri* ）

特征：

1) 体型中小型（体长约33cm）的长尾鹦鹉；

2) 雄性上喙橙红色，下喙黑色，雌性上下喙均黑色；

3) 鸟体总体颜色为绿色，前额和鸟喙之间有一条黑色斑纹；

4) 下巴以及脸颊下方有一条很宽的黑色斑纹；

5) 头部灰绿色，胸部为淡红色，腹部渐绿；

6) 尾羽蓝绿色，内侧偏黄，脚趾灰色。

分类及保护级别：

绯胸鹦鹉属于环颈鹦鹉属（ *Psittacula* ），被列入国家二级重点保护野生动物名录和CITES附录二。

亚历山大鹦鹉（ *Psittacula eupatria* ）

特征：

1）体型中等（体长约56cm）的长尾鹦鹉；

2）喙橙红色，尖端黄色，眼周无裸皮；

3）主体颜色为绿色，胸腹绿色稍浅；

4）翅膀细长，肩羽暗红色；

5）中央尾羽为绿底外加蓝绿色，尖端黄色；

6）雄鸟有红色领圈，颈侧至颏有黑色圈纹；

7）雌鸟颈部无环纹。

分类及保护级别：

亚历山大鹦鹉属于环颈鹦鹉属（ *Psittacula* ），被列入 CITES 附录二。

和尚鹦鹉（*Myiopsitta monachus*）

特征：

1）体型较小（体长约 29cm）的长尾鹦鹉；

2）喙淡黄色至黄棕色，眼周裸皮少且发白；

3）主体羽色为绿色，上体羽色几乎全为绿色；

4）前额和胸部灰白色，胸部鳞纹明显；

5）腹部淡黄绿色，初级飞羽蓝色；

6）尾羽阶梯状变细，脚铅黑色。

分类及保护级别：

和尚鹦鹉属于僧鹦鹉属（*Myiopsitta*），被列入 CITES 附录二。

白胸鹦鹉❶(*Myiopsitta luchsi*)

特征:

1)体型较小(体长约27cm)的长尾鹦鹉,类似于和尚鹦鹉;

2)喙淡黄色至黄棕色,眼周裸皮少且发白;

3)主体羽色为绿色,上体羽色几乎全为绿色;

4)前额至头顶和胸部灰白色,胸部鳞纹不明显;

5)腹部较黄,初级飞羽几乎均为蓝色;

6)尾羽渐细,脚铅黑色。

分类及保护级别:

白胸鹦鹉属于僧鹦鹉属(*Myiopsitta*),被列入CITES附录二。

---

❶也有学者认为该种是和尚鹦鹉的亚种。

非洲灰鹦鹉（ *Psittacus erithacus* ）

特征：

1) 体型中小型（体长约34cm）的短尾鹦鹉；

2) 喙黑色，上喙向下钩曲且覆盖下喙；

3) 全身体羽灰色，眼周裸皮白色；

4) 头部和颈部的灰色羽毛带有浅灰色滚边，腹羽带有深色滚边；

5) 翅膀棕灰，初级飞羽为灰黑色；

6) 尾羽鲜红色，脚趾灰色。

分类及保护级别：

非洲灰鹦鹉属于非洲灰鹦鹉属（ *Psittacus* ），被列入CITES附录一。

绿颊锥尾鹦鹉（ *Pyrrhura molinae* ）

特征：

1）体型较小（体长约 26cm）的长尾鹦鹉；

2）喙灰黑色，眼周白色裸皮，头顶棕黑色；

3）主体羽色为绿色，耳羽棕黑，脸颊黄绿色；

4）飞羽为蓝色，下腹部红棕色；

5）尾长且为红棕色，尾基及胫绿色；

6）颈侧、喉至胸鳞纹明显。

分类及保护级别：

绿颊锥尾鹦鹉属于小锥尾鹦鹉属（ *Pyrrhura* ），被列入 CITES 附录二。

太阳锥尾鹦鹉（*Aratinga solstitialis*）

特征：

1）体型中小型（体长约30cm）的长尾鹦鹉；

2）喙灰黑色，眼周裸皮白色；

3）羽色艳丽，全身大部分为橙黄色羽毛所覆盖；

4）面颊及腹部橙红色，尾下覆羽绿色；

5）大覆羽和飞羽以深绿色为主；

6）小覆羽和初级飞羽末端蓝色，脚灰黑色。

俗名：

金太阳、小太阳

分类及保护级别：

太阳锥尾鹦鹉属于锥尾鹦鹉属（*Aratinga*），被列入CITES附录二。

蓝黄金刚鹦鹉（*Ara ararauna*）

特征：

1）体型大（体长约86cm）的长尾鹦鹉；

2）喙大且为黑色，眼周裸皮白色；

3）面颊裸区白色，带有横向黑色的细条状羽毛；

4）额部羽毛绿色，喉部黑色羽毛延伸至耳羽区；

5）外侧飞羽及主要覆羽为蓝色，背部覆羽为蓝色；

6）胸、腹及尾内侧羽毛黄色，脚灰黑色。

分类及保护级别：

蓝黄金刚鹦鹉属于（*Ara* 属），被列入CITES附录二。

绿翅金刚鹦鹉（ *Ara chloropterus* ）

特征：

1）体型大（体长约92cm）的长尾鹦鹉；

2）上喙白色，基部一半黑色，下喙全黑色；

3）面颊裸区白色，带有横向红色的细条状羽毛；

4）主体羽毛为鲜红色，翅膀中覆羽绿色；

5）初级飞羽、翅膀大覆羽及尾羽的覆羽为蓝色；

6）尾羽为蓝色或红色，脚灰黑色。

分类及保护级别：

绿翅金刚鹦鹉属于（ *Ara* 属），被列入CITES附录二。

红肩金刚鹦鹉（ *Diopsittaca nobilis* ）

特征：

1）体型较小（体长约30cm）的长尾鹦鹉；

2）喙全黑色，眼周裸皮区往前延伸至与蜡膜相连；

3）全身主体羽色为绿色，头部往额头逐渐变蓝；

4）翅膀绿色，肩部翅缘红色；

5）面部裸皮颜色为白色；

6）脚趾灰黑色。

分类及保护级别：

红肩金刚鹦鹉属于红肩金刚鹦鹉属（ *Diopsittaca* ），被列入CITES附录二。

折衷鹦鹉(*Eclectus roratus*)

特征:

1)体型中小型(体长约35cm)的短尾鹦鹉,雌雄外形差异明显;

2)雄性上喙橙黄色,下喙黑色,雌性喙全黑色;

3)雄性全身绿色,翅缘及初级飞羽蓝色,胁及翅膀内侧红色;

4)雄性尾覆羽绿色,尾羽内侧黑色具黄色端斑;

5)雌性全身深红或橙色,胁和腹及翅缘蓝紫色;

6)雌性尾覆羽及尾羽红色。

分类及保护级别:

折衷鹦鹉属于折衷鹦鹉属(*Eclectus*),被列入CITES附录二。

黑头鹦鹉（ *Pionites melanocephala* ）

特征：

1）体型小（体长约23cm）的短尾鹦鹉，羽色丰富；

2）喙黑色，眼周裸皮少且为黑色；

3）主体羽色为绿色，眼睛以上头部羽色为黑色；

4）眼下至喙基绿色，颈背为棕红色；

5）背部及翅膀绿色，胸腹白色或黄色；

6）胫羽及尾下覆羽橙色，脚趾灰黑色。

俗名：

黑头凯克

分类及保护级别：

黑头鹦鹉属于凯克鹦鹉属（ *Pionites* ），被列入CITES附录二。

鲜红玫瑰鹦鹉（*Platycercus elegans*）

特征：

1）体型中小型（体长约36cm）的长尾鹦鹉；

2）喙灰白色，眼周无明显裸皮；

3）主体羽色为红色，颈背和翅膀有黑色鳞状斑纹；

4）额及面颊下部形成一块蓝色羽区；

5）初级飞羽及小翼羽边缘为蓝色；

6）蓝色尾羽长且宽，脚趾灰色。

分类及保护级别：

鲜红玫瑰鹦鹉属于玫瑰鹦鹉属（*Platycercus*），被列入CITES附录二。

东方玫瑰鹦鹉（*Platycercus eximius*）

特征：

1）体型中小型(体长约30cm)的长尾鹦鹉,羽色丰富;

2）喙灰白色,眼周裸皮少且为灰白色;

3）头部至上胸部为红色,额及面颊下部形成白色羽区;

4）颈背及翅膀黄色,其上有鳞状黑色斑纹;

5）腹部为黄绿色,尾下覆羽红色;

6）初级飞羽及小翼羽边缘蓝色;

7）尾羽绿色且边缘蓝色,脚趾灰黑色。

分类及保护级别：

东方玫瑰鹦鹉属于玫瑰鹦鹉属（*Platycercus*）,被列入CITES附录二。

斑点亚马孙鹦鹉（*Amazona farinosa*）

特征：

1) 体型中小型（体长约40cm）的短尾鹦鹉；

2) 喙淡黄色，从中部向喙尖渐黑，眼周裸区白色；

3) 主体羽色为绿色，头顶有一小丛黄色羽毛；

4) 颈背鳞纹明显，腹面绿色稍浅；

5) 翅膀边缘大覆羽橙红色；

6) 尾羽绿色，末端黄绿色；

7) 脚趾灰色。

分类及保护级别：

斑点亚马孙鹦鹉属于亚马孙鹦鹉属（*Amazona*），被列入CITES附录二。

蓝额亚马孙鹦鹉（*Amazona aestiva*）

特征：

1）体型中小型（体长约37cm）的短尾鹦鹉；

2）喙淡黄褐色，喙尖渐黑，眼周裸皮白色；

3）全身主体羽色为绿色，面颊及头顶黄色；

4）额头及喉部为蓝绿色；

5）肩部翅膀覆羽边缘红色，大覆羽部分红色；

6）脚趾灰色，尾羽内侧黄绿色。

俗名：

蓝帽

分类及保护级别：

蓝额亚马孙鹦鹉属于亚马孙鹦鹉属（*Amazona*），被列入CITES附录二。

黄冠亚马孙鹦鹉（*Amazona ochrocephala*）

特征：

1）体型中小型（体长约37cm）的短尾鹦鹉；

2）喙淡黄色或灰黑色，尤其喙尖颜色偏深；

3）眼周裸皮部分白色，主体羽色为绿色；

4）额至头顶黄色，近肩部翅膀边缘覆羽红色；

5）大覆羽部分红色，尾羽短且内侧带黄色；

6）脚趾灰白色。

俗名：

黄冠鹦哥、黄帽

分类及保护级别：

黄冠亚马孙鹦鹉属于亚马孙鹦鹉属（*Amazona*），被列入CITES附录二。

黄颈亚马孙鹦鹉（ *Amazona auropalliata* ）

特征：

1）体型中小型（体长约35cm）的短尾鹦鹉；

2）喙淡黄褐色，喙尖渐黑，眼周裸皮小且为白色；

3）全身主体羽色为绿色，面颊绿色或黄色；

4）颈背羽色为黄色，头顶绿色或黄色；

5）初级飞级羽缘红色；

6）脚趾灰色。

分类及保护级别：

黄颈亚马孙鹦鹉属于亚马孙鹦鹉属（ *Amazona* ），被列入CITES附录一。

吸蜜鹦鹉科（*Loriidae*）

暗色吸蜜鹦鹉（*Pseudeos fuscata*）

特征：

1）体型较小（体长约25cm）中长尾鹦鹉；

2）喙亮黄色，上喙细长且较一般鹦鹉突出；

3）头顶及下喙基部羽毛黄色；

4）全身羽色是橄榄褐色为主，腰白色；

5）胸腹有红色块斑散布；

6）胫羽有一半红色，颈部鳞纹明显。

分类及保护级别：

暗色吸蜜鹦鹉属于暗色吸蜜鹦鹉属（*Pseudeos*），被列入CITES附录二。

红色吸蜜鹦鹉(*Eos bornea*)

特征:

1)体型中小型(体长约31cm)的中长尾鹦鹉;

2)喙橙红色,上喙细长且比一般鹦鹉突出;

3)鸟体颜色鲜艳,主体颜色为红色;

4)头部和颈部完全红色,飞羽为黑色和蓝色;

5)三级飞羽腹面及尾下腹羽深蓝色;

6)眼周裸皮淡蓝色,脚灰黑色。

分类及保护级别:

红色吸蜜鹦鹉属于红色吸蜜鹦鹉属(*Eos*),被列入CITES附录二。

紫腹吸蜜鹦鹉（*Lorius hypoinochrous*）

特征：

1) 体型较小（体长约26cm）的中短尾鹦鹉；

2) 喙橙红色，蜡膜白色，上喙细长且比一般鹦鹉突出；

3) 主体颜色为红绿色，腹面无黑色羽毛；

4) 头顶紫黑色，眼周裸皮黑灰色；

5) 脖子附近的羽毛暗红色，尾羽末端黑色；

6) 翅膀绿色，胫羽蓝色，脚黑色。

分类及保护级别：

紫腹吸蜜鹦鹉属于吸蜜鹦鹉属（*Lorius*），被列入CITES附录二。

彩虹吸蜜鹦鹉（ *Trichoglossus haematodus* ）

特征：

1）体型较小（体长约 27cm）的长尾鹦鹉，20 余亚种；

2）喙橙红色，上喙细长且比一般鹦鹉突出；

3）头顶及颊为蓝色至深蓝色，眼周裸皮白色；

4）主体羽色艳丽，背部羽毛主要为绿色或橄榄色；

5）枕后、颈侧至腹部羽色为黄色或亮橙色；

6）尾长且为黄绿色；

7）不同亚种色斑不尽相同。

俗名：

五色青海

分类及保护级别：

彩虹吸蜜鹦鹉属于彩虹吸蜜鹦鹉属（ *Trichoglossus* ），被列入 CITES 附录二。

凤头鹦鹉科（*Cacatuidae*）

小葵花鹦鹉（*Cacatua sulphurea*）

特征：

1）体型中小型（体长约33cm）的短尾鹦鹉；

2）喙黑色，眼周裸皮少，白色或浅蓝色；

3）体羽白色，头顶有发达的黄色羽冠；

4）耳羽及脸颊浸润浅黄色；

5）翅膀及尾羽内侧黄色；

6）脚灰黑色。

俗名：

小巴丹

分类及保护级别：

小葵花鹦鹉属于凤头鹦鹉属（*Cacatua*），被列入CITES附录一。

葵花凤头鹦鹉（*Cacatua galerita*）

特征：

1）体型中等（体长约50cm）的短尾鹦鹉；

2）喙黑色，眼周裸皮少，白色或浅蓝色；

3）体羽白色，头顶有发达的黄色羽冠；

4）耳羽区白色或极不明显黄色；

5）翅膀及尾羽内侧黄色；

6）脚灰黑色。

俗名：

大巴丹

分类及保护级别：

葵花凤头鹦鹉属于凤头鹦鹉属（*Cacatua*），被列入CITES附录二。

蓝眼凤头鹦鹉（*Cacatua ophthalmica*）

特征：

1）体型中等（体长约 50cm）的短尾鹦鹉；

2）喙黑色，眼周裸皮耀眼的蓝色；

3）通体是炫目的白色羽毛；

4）头顶黄色冠羽向后弯曲，耳羽区无黄色羽毛；

5）翅膀和尾羽内侧也有黄色的羽毛；

6）脚暗灰色。

俗名：

蓝眼巴丹

分类及保护级别：

蓝眼凤头鹦鹉属于凤头鹦鹉属（*Cacatua*），被列入
CITES 附录二。

粉红凤头鹦鹉（*Cacatua roseicapilla*）

特征：

1）体型中小型（体长约35cm）的短尾鹦鹉；

2）喙灰白色，眼周裸皮粉色或灰褐色；

3）背部、翅膀及尾羽腹面灰色；

4）颈、胸及腹均为粉红色，头部具不发达冠羽；

5）额、头顶及颈背为近白色的浅粉红；

6）脚灰黑色。

俗名：

粉红巴丹、桃色巴丹、粉红鹦鹉

分类及保护级别：

粉红凤头鹦鹉属于凤头鹦鹉属（*Cacatua*），被列入 CITES 附录二。

小白凤头鹦鹉（*Cacatua sanguinea*）

特征：

1）体型中小型（体长约38cm）的短尾鹦鹉；

2）喙较小，淡蓝灰色，脚淡铅灰色；

3）眼周裸皮区域较大，眼周及眼下裸皮淡蓝色；

4）鸟体主体颜色为白色，头上冠羽非常宽短；

5）眼和喙之间有橙红色的羽毛；

6）翅膀及尾羽内侧淡黄色。

分类及保护级别：

小白凤头鹦鹉属于凤头鹦鹉属（*Cacatua*），被列入CITES附录二。

白凤头鹦鹉(*Cacatua alba*)

特征:

1)体型中等(体长约46cm)的短尾鹦鹉;

2)喙黑色,眼周裸皮少,且为白色或淡蓝色;

3)全身羽毛白色,白色冠羽较发达;

4)翅膀及尾羽内侧淡黄色;

5)冠羽能收展,展开时雨伞状;

6)脚灰黑色。

俗名:

大白、雨伞巴丹

分类及保护级别:

白凤头鹦鹉属于凤头鹦鹉属(*Cacatua*),被列入CITES 附录二。

杜科波氏凤头鹦鹉（*Cacatua ducorpsii*）

特征：

1）体型较小（体长约30cm）的短尾鹦鹉；

2）喙淡铅灰色，眼周裸皮少且为白色或淡蓝色；

3）全身羽毛洁白，羽毛基部略带粉色；

4）头顶的冠羽常形成三角形的羽峰；

5）尾羽内侧常带淡黄色；

6）脚趾暗灰色。

俗名：

杜科波氏巴丹

分类及保护级别：

杜科波氏凤头鹦鹉属于凤头鹦鹉属（*Cacatua*），被列入CITES附录二。

鸱鸮科（*Strigidae*）

领角鸮（*Otus bakkamoena*）

特征：

1）小型猛禽，全长24cm左右的猫头鹰；

2）眼深褐色，上体及两翼大多灰褐色；

3）体羽多具黑褐色羽干纹及虫蠹状细斑；

4）额、脸盘浅沙色，后颈的棕白色眼斑形成半领圈；

5）飞羽、尾羽黑褐色，具淡棕色横斑；

6）下体皮黄色或灰白色，带不明显横斑和羽干纹；

7）喙淡黄染绿，脚淡黄色。

分类及保护级别：

领角鸮属于角鸮属（*Otus*），被列入国家二级重点保护野生动物名录和CITES附录二。

东方角鸮（*Otus sunia*）

特征：

1）小型猛禽，全长20cm左右的猫头鹰；

2）眼橙黄色，上体及两翼大多深褐色；

3）肩部羽毛梢部带浅色斑纹；

4）脸盘羽色较浅，但无浅色颈圈；

5）耳突发达，但不总是竖起，飞羽、尾羽黑褐色；

6）胸腹灰色较重，带黑色纵纹；

7）喙角质灰色，脚淡黄偏灰。

分类及保护级别：

领角鸮属于角鸮属（*Otus*），被列入国家二级重点保护野生动物名录和CITES附录二。

长耳鸮（*Asio otus*）

特征：

1）中等体型（体长约36cm）的猫头鹰；

2）羽色以褐色和皮黄色为主，尾稍圆；

3）面盘显著，几呈圆形，中央部分灰白色羽毛形成"×"形；

4）眼上羽区有黑斑，耳突发达，其中央部分黑褐色斑纹明显；

5）背部褐色，具暗色块斑及皮黄色的白色斑点；

6）胸腹具棕色杂纹及褐色纵纹，细横斑较小；

7）翼下腕斑在飞翔时尤其明显；

8）趾上被羽，爪黑色。

分类及保护级别：

长耳鸮属于耳鸮属（*Asio*），被列入国家二级重点保护野生动物名录和CITES附录二。

短耳鸮（ *Asio flammeus* ）

特征：

1）中等体型（体长约38cm）的猫头鹰；

2）羽色以褐色和皮黄色为主，尾稍圆；

3）面盘显著，几呈圆形，短小的耳羽簇几不可见；

4）眼周羽区有黑斑，两眼间有灰白色羽毛；

5）背部黄褐色，满布黑色和皮黄色纵纹；

6）胸腹部为皮黄色，具深褐色纵纹；

7）翼下腕斑在飞翔时尤其明显；

8）趾上被羽，喙灰黑色，爪黑色。

分类及保护级别：

短耳鸮属于耳鸮属（ *Asio* ），被列入国家二级重点保护野生动物名录和CITES附录二。

斑头鸺鹠（ *Glaucidium cuculoides* ）

特征：

1）小型猛禽，全长24cm左右的猫头鹰；

2）头圆，但面盘不明显，头的两侧无耳突；

3）背部羽色主体为暗棕褐色，头部和全身均具有白色横斑；

4）沿肩部有一白色线状斑，额纹白色向两边伸展，臀白；

5）胸腹几乎全部褐色或灰色，具浅色横斑；

6）两胁栗色，尾羽具鲜明的白斑，端斑白色；

7）喙和趾黄绿色，趾具刚毛状羽，爪近黑色。

分类及保护级别：

斑头鸺鹠属于鸺鹠属（ *Glaucidium* ），被列入国家二级重点保护野生动物名录和CITES附录二。

雕鸮（*Bubo bubo*）

特征：

1）较大型的猛禽，体长69cm左右的猫头鹰；

2）头部近圆形，面盘不完整，为淡棕黄色，眼橘黄色；

3）耳突发达，显著突出于头的两侧，其颜色为黑褐色；

4）背部羽色褐色斑驳，皱领及头顶黑褐色；

5）喉部羽毛灰色，形成一个灰白色斑纹；

6）胸腹皮黄色具深褐色纵斑，且有褐色细横斑；

7）趾被黄色羽毛，喙深灰色，爪黑色。

分类及保护级别：

雕鸮属于雕鸮属（*Bubo*），被列入国家二级重点保护野生动物名录和CITES附录二。

褐林鸮（ *Strix leptogrammica* ）

特征：

1）较大型的猛禽，体长50cm左右的猫头鹰；

2）头部近圆形，面盘不完整，眼深褐色；

3）面盘分明，无耳羽簇，眼周羽毛为深棕色，眉纹白色；

4）头顶纯褐色无斑，褐色飞羽杂以白色横斑；

5）背部深褐色，杂以皮黄色及白色的明显横斑；

6）胸腹部淡黄色，带有深褐色的细横纹；

7）喙尖偏白，基部偏蓝，爪紫褐色。

分类及保护级别：

褐林鸮属于林鸮属（ *Strix* ），被列入国家二级重点保护野生动物名录和CITES附录二。

鹰鸮（*Ninox scutulata*）

特征：

1）小型的猛禽，体长30cm左右的猫头鹰；

2）头部近圆形，面盘不完整，眼亮黄色；

3）无耳羽簇，眼周羽毛为深褐色；

4）头顶及背部均深褐色无斑，尾上具灰黑相间的斑纹；

5）胸腹具宽阔的红褐色纵纹，杂有灰白色斑；

6）喙基部、额和臀的羽毛为灰白色；

7）喙蓝灰，黄色脚趾不被羽。

分类及保护级别：

鹰鸮属于鹰鸮属（*Ninox*），被列入国家二级重点保护野生动物名录和CITES附录二。

草鸮科（*Tytonidae*）

草鸮（*Tyto capensis*）

特征：

1）中等体型（体长约35cm）的猫头鹰；

2）面盘呈心形或苹果形，边缘深栗色，眼褐色；

3）体羽多具杂斑、点斑或虫蠹状细斑；

4）背部羽毛深褐色，翅膀收拢超过尾羽；

5）飞羽黄褐色，具黑褐色横斑；

6）脸及胸腹部羽色为皮黄色；

7）喙淡黄色，脚黄白色。

分类及保护级别：

草鸮属于草鸮属（*Otus*），被列入国家二级重点保护野生动物名录和CITES附录二。

珍贵濒危爬行动物

龟科(*Emydidae*)

钻纹龟(*Malaclemys terrapin*)

特征:

1)头部淡青色,头颈满布黑至白色斑点;

2)背甲椭圆形,扁平,淡绿色;

3)背甲每块盾片均有黑色环形斑,中央具嵴棱;

4)腹甲平坦,淡黄色具模糊的不规则斑纹;

5)四肢与头颈部类似斑纹。

分类及保护级别:

钻纹龟属于菱斑龟属(*Malaclemys*),被列入 CITES 附录二。

地龟科（*Geoemydidae*）

黄额盒龟（*Cistoclemmys galbinifrons*）

特征：

1）头部光滑，头顶淡黄色；

2）背甲圆形高拱，中央嵴棱两侧花纹对称；

3）背甲黄色或黄棕色，花纹规则；

4）腹甲平坦，淡黄色或黑色；

5）背甲与腹甲借韧带相连，且能闭合。

分类及保护级别：

黄额盒龟属于盒龟属（*Cistoclemmys*），在 CITES 被置于闭壳龟属（*Cuora*），列入国家保护的、有益的或者有重要经济、科学研究价值的陆生野生动物名录和 CITES 附录二。

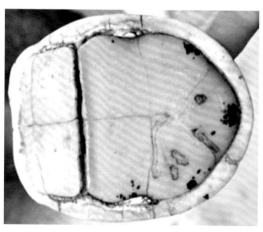

黄缘盒龟(*Cistoclemmys flavomarginata*)

特征:

1)头部光滑,顶部橄榄色,头侧淡黄色,眼后上方具亮黄色条纹且延伸至头顶后部相连;

2)背甲为绛红色,圆形高拱,中线具浅色的带状纹;

3)背甲的每块盾片具有明显的规则环状纹;

4)背甲缘盾腹面为黄色;

5)腹甲黑褐色无斑点。

分类及保护级别:

黄缘盒龟属于盒龟属(*Cistoclemmys*),在CITES被置于闭壳龟属(*Cuora*),列入国家保护的、有益的或者有重要经济、科学研究价值的陆生野生动物名录和CITES附录二。

三线闭壳龟（*Cuora trifasciata*）

特征：

1）头部光滑无鳞，头顶金黄，又名金钱龟；

2）背甲长椭圆形，为棕色，具有明显三条隆起的黑色纵线，以中间的一条隆起最明显，也最长；

3）腹甲黑色，边缘有少量黄边；

4）喉、颊及喙黄色，自吻过眼有两条、下额有一条黑纵纹；

5）四肢及尾部为橘红色。

分类及保护级别：

三线闭壳龟属于闭壳龟属（*Cuora*），被列入国家二级重点保护野生动物名录和CITES附录二。

马来闭壳龟(*Cuora amboinensis*)

特征：

1）头部橄榄色，头顶具黄色细条纹，从吻端沿头背侧缘即眶上缘有一条黄色宽纵纹向后延伸至颈部，眶后及口角后缘各有一条黄色纵纹向后延伸；

2）背甲光滑且隆起，高约等于长的1/2；

3）背甲通体黑色，有嵴棱；

4）腹甲淡黄色，每块盾片具黑色斑点；

5）腹甲向上可与背甲完全闭合。

分类及保护级别：

马来闭壳龟属于闭壳龟属(*Cuora*)，被列入CITES附录二。

黄喉拟水龟（*Mauremys mutica*）

特征：

1）也称石龟，头小光滑无鳞，顶部淡橄榄色；

2）背甲较平扁，椭圆形棕黄色，中央具一嵴棱；

3）腹甲黄色，每一盾片后缘有一大黑斑；

4）眼后有两条黄色短纵纹，喉部淡黄色；

5）四肢外侧灰色或橄榄色。

分类及保护级别：

黄喉拟水龟属于拟水龟属（*Mauremys*），被列入国家保护的、有益的或者有重要经济、科学研究价值的陆生野生动物名录和CITES附录二。

安南龟（*Mauremys annamensis*）

特征：

1）也称越南拟水龟，头光滑无鳞，环额顶有一浅纹；

2）背甲较平扁，椭圆形黑褐色，中央嵴棱不甚明显；

3）腹甲外缘及中心黄色；

4）自吻至颈有两条黄色粗纵纹；

5）四肢外侧灰黑色。

分类及保护级别：

安南龟属于拟水龟属（*Mauremys*），列入 CITES 附录二。

地龟（*Geoemyda spengleri*）

特征：

1）也称枫叶龟，体型较小，头部褐色；

2）背甲较平扁，枫叶状，橘黄色；

3）背甲前后缘锯齿状，有三条嵴棱，中央嵴棱明显；

4）腹甲黄色，中央具大块黑斑；

5）四肢浅棕色，散布有斑点。

分类及保护级别：

地龟属于地龟属（*Geoemyda*），被列入国家二级重点保护野生动物名录和CITES附录二。

四眼斑水龟（ *Sacalia quadriocellata* ）

特征：

1）头顶皮肤光滑无鳞，上喙不呈钩状；

2）背甲棕色椭圆形，无黑色斑点；

3）腹甲淡黄色，散布黑色小斑点，前缘平切，后缘缺刻；

4）头后侧有2对眼斑，每个眼斑中有一黑点，颈部有3条纵纹；

5）指、趾间具发达的蹼。

分类及保护级别：

四眼斑水龟属于眼斑水龟属（ *Sacalia* ），被列入国家保护的、有益的或者有重要经济、科学研究价值的陆生野生动物名录和CITES附录二。

黑池龟（*Geoclemys hamiltonii*）

特征：

1）又称斑点池龟，头部宽大，头颈均为黑色，具黄白色杂斑点；

2）背甲长椭圆形，中央三条嵴棱，中央一条明显著；

3）腹甲黑色，有白色大块杂斑；

4）腹甲前缘平切，后缘有缺刻；

5）四肢灰黑色，有白色小杂斑点，趾间有蹼。

分类及保护级别：

黑池龟属于池龟属（*Geoclemys*），被列入 CITES 附录一。

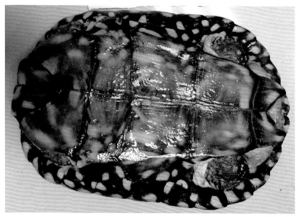

庙龟（ *Heosemys annandalii* ）

特征：

1）头部为黑色，侧面及眼眶处有不规则的黄色横向条纹；

2）背甲隆起较高为黑褐色，后缘处呈锯齿状；

3）背甲中央嵴棱比较明显；

4）腹甲为淡黄色，具大块黑斑，老年个体几乎全黑，前缘平切，后缘缺刻；

5）四肢为灰褐色，指（趾）间具蹼。

分类及保护级别：

庙龟属于东方龟属（ *Heosemys* ），被列入 CITES 附录二。

平胸龟科（*Platysternidae*）

平胸龟（*Platysternon megacephalum*）

特征：

1）头背面有大块角质盾片，粗糙；

2）背甲棕褐色，扁平，前缘弧形稍凹入，后缘圆出；

3）腹甲缩小，窄长近长方形，前缘平切，后缘稍凹入；

4）头大，颌粗壮，上下颌显著钩曲呈鹰嘴状；

5）身体后方有锥状鳞；

6）尾长接近体长，尾具环状排列的大鳞。

俗名：

大头龟、鹰嘴龟

分类及保护级别：

平胸龟属于平胸龟属（*Platysternon*），列入国家保护的有益的或者有重要经济、科学研究价值的陆生野生动物名录和CITES附录一。

陆龟科（*Testudinidae*）

胫刺陆龟（*Geochelone sulcata*）

特征：

1）又称苏卡达陆龟，背甲高隆，前后缘呈锯齿状；

2）背甲无颈盾，前缘缺刻较深；

3）腹甲平直，淡黄色无斑，后缘缺刻；

4）头部灰褐色，鳞片较小；

5）四肢淡灰褐色，其鳞片呈刺状。

分类及保护级别：

胫刺陆龟属于土陆龟属（*Geochelone*），被列入CITES附录二。

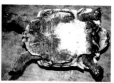

胫刺陆龟幼体

豹纹陆龟（*Geochelone pardalis*）

特征：

1）背甲高隆，椭圆形，黑色或淡黄色；

2）背甲每块盾片上具黄白色或黑色环斑，套在一起，似豹纹；

3）腹甲淡黄色，后缘具缺刻；

4）头颈部黄棕色，无斑，前额鳞1~2枚，顶鳞为数枚小鳞；

5）四肢淡黄色，无蹼，前肢前缘有大块鳞片。

分类及保护级别：

豹纹陆龟属于土陆龟属（*Geochelone*），被列入CITES附录二。

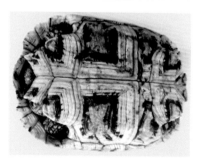

印度星龟（*Geochelone elegans*）

特征：

1) 背甲长椭圆形，深棕黑色；

2) 背甲顶部隆起，无颈盾，前后缘锯齿状；

3) 背甲每块盾片均有淡黄色放射状花纹；

4) 腹甲深棕色，具对称的放射状花纹；

5) 腹甲具两枚喉盾，后缘有缺刻；

6) 头部黄色，四肢黄色具大鳞。

分类及保护级别：

印度星龟属于土陆龟属（*Geochelone*），被列入CITES附录二。

亚达伯拉陆龟（*Geochelone gigantea*）

特征：

1）背甲高隆，长椭圆形，黑褐色；

2）背甲前后缘略锯齿状，仅有一枚很小的颈盾，臀盾一枚；

3）腹甲黑褐色，前半部长且窄；

4）头颈部灰褐色，头小且头顶有小鳞片；

5）四肢灰褐色，前后肢鳞片较小。

分类及保护级别：

亚达伯拉陆龟属于土陆龟属（*Geochelone*），被列入CITES 附录二。

红腿陆龟(*Chelonoidis carbonaria*)

特征:

1)背甲长椭圆形,绛黑色,椎盾和肋盾具黄至橙色斑,无颈盾;

2)腹甲黄色,盾沟色深,在腹甲中央有黑色大斑;

3)头黄色或橘黄色,头顶有大鳞;

4)前肢前缘有大鳞片,红色或橘红色;

5)胯盾1枚与股盾相接。

分类及保护级别:

红腿陆龟属于象龟属(*Chelonoidis*),被列入CITES附录二。

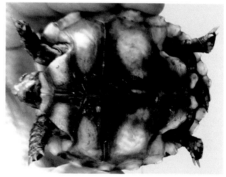

缅甸陆龟（ *Indotestudo elongata* ）

特征：

1）背甲淡黄色，长椭圆形，隆起，中央略平；

2）背甲盾片有同心环纹，中间有黑色斑块，部分个体无斑；

3）背甲具颈盾，头部黄色，其顶部有大鳞片；

4）腹甲黄色，部分有黑色杂斑，后缘缺刻较深；

5）四肢黄色，具大块鳞片，尾末端为角质鞘。

分类及保护级别：

缅甸陆龟属于印支陆龟属（ *Indotestudo* ），被列入国家保护的、有益的或者有重要经济、科学研究价值的陆生野生动物名录和CITES附录二。

凹甲陆龟（*Manouria impressa*）

特征：

1）背甲短圆形，黄褐色带有黑杂斑，前后缘盾均锯齿状；

2）背甲前缘颈盾处缺刻深，椎盾和肋盾中央凹陷；

3）腹甲黄色，有黑色杂斑，后缘有缺刻；

4）腹甲左右胸盾在中线处相遇；

5）头部黄色具黑斑，四肢鳞片黑色。

分类及保护级别：

凹甲陆龟属于凹甲陆龟属（*Manouria*），被列入国家二级重点保护野生动物名录和CITES附录二。

黑凹甲陆龟（ *Manouria emys* ）

特征：

1）背甲短圆形，棕褐色至黑色，前后缘盾均锯齿状；

2）背甲前缘颈盾处有缺刻，椎盾和肋盾中央凹陷；

3）腹甲黄褐色，后缘有缺刻；

4）腹甲左右胸盾在中线处不相遇；

5）头部棕黑色，四肢鳞片棕黑色。

分类及保护级别：

黑凹甲陆龟属于凹甲陆龟属（ *Manouria* ），被列入 CITES 附录二。

赫尔曼陆龟(*Testudo hermanni*)

特征:

1)背甲圆形,黄绿至棕褐色,前缘具缺刻;

2)背甲沿盾缝均有大块黑斑;

3)腹甲黄色,具黑斑,后缘缺刻深;

4)腹甲前缘平切,喉盾无斑;

5)头部黄色带黑,四肢鳞片灰黄色。

分类及保护级别:

赫尔曼陆龟属于陆龟属(*Testudo*),被列入CITES附录二。

希腊陆龟(*Testudo graeca*)

特征：

1）又称欧洲陆龟，背甲圆形，高而隆起；

2）背甲黄色，盾片间有黑色斑，每一盾片中间有点状黑斑；

3）腹甲黄色，带有大小不一的黑斑；

4）头部具鳞，上喙钩形；

5）四肢黄色，后肢内侧有圆锥形硬嵴。

分类及保护级别：

希腊陆龟属于陆龟属(*Testudo*)，被列入CITES附录二。

辐纹陆龟（ *Astrochelys radiata* ）

特征：

1）又称放射陆龟，背甲长椭圆形，黄褐色；

2）背甲颈盾宽大，每块盾片上具淡黄色放射状花纹；

3）腹甲黄色，具黑色三角形斑纹，后缘缺刻；

4）头较小，多为黄色，头顶后部黑色；

5）四肢黄色，具大鳞片。

分类及保护级别：

辐纹陆龟属于（ *Astrochelys* 属），也有置于土陆龟属（ *Geochelone* ）的，被列入 CITES 附录一。

海龟科（*Cheloniidae*）

绿海龟（*Chelonia mydas*）

特征：

1）背甲为卵圆形，棕色，有四对肋盾；

2）颈盾宽短，不与肋盾相接；

3）腹甲淡黄色，有下缘盾；

4）四肢桨状，指、趾端各具爪一枚；

5）前额鳞一对，喙不呈鹰嘴状，下喙锯齿状。

分类及保护级别：

绿海龟属于海龟属（*Chelonia*），被列入国家二级重点保护野生动物名录和 CITES 附录一。

鳖科（*Trionychidae*）

缘板鳖（*Lissemys punctata*）

特征：

1）背甲体表为革质皮肤，为圆形，灰褐色；

2）腹甲后部有可以覆盖后肢的半月牙形肉质叶状物；

3）背甲前缘能活动，可以与腹甲前缘闭合；

4）背甲前后缘处均无疣粒，背部无明显斑纹；

5）头小，吻短，四肢扁平，指（趾）间蹼发达。

分类及保护级别：

缘板鳖属于缘板鳖属（*Lissemys*），被列入 CITES 附录二。

孔雀鳖（*Nilssonia Formosa*）

特征：

1）又称尼氏鳖，身体包裹于甲壳内，仅头、尾和四肢外露；

2）体表为革质的皮肤且颈后背甲前缘有颗粒状突起；

3）背甲上有淡褐色不规则条纹，有4个黑心黄边的单眼斑；

4）尾较短不达裙边，腹板后缘钝圆；

5）四肢上的蹼非常发达。

分类及保护级别：

孔雀鳖属于尼氏鳖属（*Nilssonia*），被列入CITES附录二。

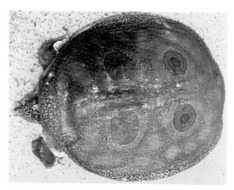

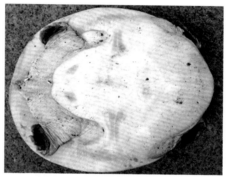

亚洲鳖（*Amyda cartilaginea*）

特征：

1）背甲卵圆形，为淡绿褐色，有疣粒状突起；

2）背甲有些淡黄色斑点或者细条纹；

3）腹甲白色，有黑色云状斑纹；

4）头尖而狭长，背部前缘具瘰粒；

5）头、颈和四肢均有淡黄色粒状斑点。

分类及保护级别：

亚洲鳖属于亚洲鳖属（*Amyda*），被列入 CITES
附录二。

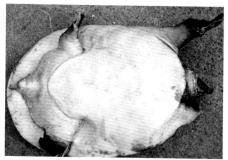

鬣蜥科（*Agamidae*）

刺尾蜥属（*Uromastyx*）

特征：

1）全长多为30~45cm，头较短，眼大，体色多变；

2）躯体较扁平，体侧具明显的皮肤褶；

3）背部常缀有黑色的斑点与网状纹；

4）尾短且粗大，常具20来环的环状棘；

5）尾背面具尖锥状鬣鳞，对应在尾两侧较小的两列鬣鳞。

俗名：

王者蜥

分类及保护级别：

该属目前已知有10余种，均被列入CITES附录二。

避役科(*Chamaeleonidae*)

高冠变色龙(*Chamaeleo calyptratus*)

特征:

1)雄性最大全长65cm,雌性45cm,身体侧扁;

2)头顶由骨板构成的高耸如高帽般的头冠;

3)眼筒状,明显凸出,可转动;

4)尾背中线、喉部及腹面正中线有锯齿状鳞片;

5)四肢很长,指和趾合并分为相对的两组,前肢前
三指形成内组,四、五指形成外组;后肢一、二趾形
成内组,另三趾形成外组。

分类及保护级别:

高冠变色龙属于避役属(*Chamaeleo*),该属所有种
均被列入CITES附录二。

美洲鬣蜥科（*Iguanidae*）

犀蜥（*Cyclura cornuta*）

特征：

1）身体粗壮，全长可达 120cm；

2）背部正中自颈延伸至尾有较发达的棘状鳞；

3）头大、尾圆且粗，体色灰褐色；

4）眼前方吻上有 3~5 枚突出的犀角状鳞；

5）头后背面有瘤状突起，下颚肌肉发达并鼓出。

俗名：

犀牛鬣蜥

分类及保护级别：

犀蜥属于圆尾蜥属（*Cyclura*），该属所有种均被列入 CITES 附录一。

美洲绿鬣蜥（ *Iguana iguana* ）

特征：

1）全长多为60~130cm，成体最大可达200cm；

2）身体细长，且尾长远大于体长，可达2倍以上；

3）主体颜色为绿色，宠物中出现黄色、棕色等各种色型；

4）躯干有时具不明显的不规则斑纹，尾上具黑色间断纹；

5）成体从背部至尾部有一行梳状鬣鳞；

6）眼大，耳孔下方具圆形大鳞，喉下有发达的喉囊。

俗名：

绿鬣蜥、红鬣蜥、IG

分类及保护级别：

美洲绿鬣蜥属于美洲鬣蜥属（ *Iguanidae* ），该属所有种均被列入CITES附录二。

美洲蜥蜴科（*Teiidae*）

黑斑双领蜥（*Tupinambis merianae*）

特征：

1）体型粗大，可达 100cm 以上，头顶具对称的大鳞；

2）吻较尖长，颈部短粗，嘴大而有力；

3）全身以黑白色为主，有规则的黑色宽条纹贯穿；

4）四肢粗壮，后肢有黑色斑点，爪较锋利；

5）尾长而结实，具黑白相间的斑纹。

俗名：

黑白泰加

分类及保护级别：

黑斑双领蜥属于双领蜥属（*Tupinambis*），该属所有种均被列入 CITES 附录二。

红色双领蜥(*Tupinambis rufescens*)

特征:

1)体型粗大,可达100cm以上,头顶具对称的大鳞;

2)吻较尖长,颈部短粗,嘴大而有力;

3)全身以黑棕红色为主,有规则的黑色宽条纹贯穿;

4)四肢粗壮,后肢有棕色斑点,爪较锋利;

5)尾长而结实,具黑与棕红色相间的不规则斑纹。

俗名:

红泰加

分类及保护级别:

红色双领蜥属于双领蜥属(*Tupinambis*),该属所有种均被列入CITES附录二。

圭亚那闪光蜥（*Dracaena guianensis*）

特征：

1）体型细长，成体可达110cm，头顶具对称的大鳞；

2）颈较细，与头分界明显，嘴大而有力；

3）全身以亮绿色或褐色为主，头部幼体为橙红色；

4）颈至身体背面有间断的棱状鳞片；

5）尾长而结实，具黑色间断斑纹，尾两侧有棱状鳞片。

俗名：

秘鲁鳄鱼蜥

分类及保护级别：

圭亚那闪光蜥属于闪光蜥属（*Dracaena*），该属所有种均被列入CITES附录二。

异蜥科（*Xenosauridae*）

中国鳄蜥（*Shinisaurus crocodilurus*）

特征：

1）全身橄榄褐色，侧面淡，染有桃红或橘黄色斑并杂有黑斑；

2）头部前端较尖，两侧棱明显，头后部方形，顶部平坦；

3）身上具纵向短棱，且有暗色横纹，尾上尤其明显；

4）尾侧扁，尾背两侧具纵行排列的大型棱状鳞，中间凹陷。

俗名：

大睡蛇、瑶山鳄蜥

分类及保护级别：

中国鳄蜥属于鳄蜥属（*Shinisaurus*），被列入国家一级重点保护野生动物名录和CITES附录一。

巨蜥科（*Varanidae*）

孟加拉巨蜥（*Varanus bengalensis*）

特征：

1）体型较大，一般成体在150cm左右；

2）头长、吻尖，头部颜色稍浅，鼻孔裂目状；

3）幼体体色黄褐色，成体体色变深，多为黑褐色；

4）背面具点状不明显黄色斑，腹鳞四边形，排列成行；

5）尾长，侧扁，四肢也具小的黄色点状斑。

分类及保护级别：

孟加拉巨蜥属于巨蜥属（*Varanus*），被列入国家保护的、有益的或者有重要经济、科学研究价值的陆生野生动物名录和CITES附录一。

巨蜥（ *Varanus salvator* ）

特征：

1）一般体长为 150~200cm 的巨蜥；

2）体躯和四肢均很粗壮，尾侧扁如带；

3）体背黑褐色杂有横向排列的黄色环状斑纹；

4）腹面黄色，其鳞多呈规则的横带状排列；

5）尾上有黑黄交替的环纹，黑色环纹上也有小黄斑；

6）四肢较短，指、趾端具锐爪，四肢上也有点状黄斑。

俗名：

泽巨蜥、水巨蜥、圆鼻巨蜥、五爪金龙

分类及保护级别：

巨蜥属于巨蜥属（ *Varanus* ），被列入国家一级重点保护野生动物名录和 CITES 附录二。

西非巨蜥（*Varanus exanthematicus*）

特征：

1）最长可达 120cm 的巨蜥；

2）头较其他巨蜥为宽，覆有细小的鳞片；

3）颈部短小，尾粗且短；

4）身体粗壮，四肢无斑点；

5）身体背面通常为咖啡色或灰色，其上缀有多行的小圆形的黄至橙色斑纹。

俗名：

平原巨蜥、草原巨蜥、平原五爪

分类及保护级别：

西非巨蜥属于巨蜥属（*Varanus*），被列入 CITES 附录二。

尼罗巨蜥（*Varanus niloticus*）

特征：

1）体长可达 200cm 的巨蜥，但 150cm 以上已难见到；

2）头长吻尖，颈部明显，鼻孔浑圆，头背面具浅色宽条纹；

3）幼体斑纹明显，头侧有一黑斑贯穿眼睛；

4）背面体色以深黑褐色或橄榄色为底色；

5）体背具黑褐和黄白色相间的条带状斑纹；

6）四肢及趾细长，趾背面具黑白相间的斑纹：

7）尾长且侧扁，上下缘具黄色间断斑纹。

分类及保护级别：

尼罗巨蜥属于巨蜥属（*Varanus*），被列入 CITES 附录二。

卡氏巨蜥（*Varanus jobiensis*）

特征：

1）成体全长可达120cm；

2）具有发达的尾，趾端具锐利的爪；

3）头部较为细长，吻尖，鳞片粒状、较小；

4）鼻孔靠近吻端，喉周围颜色较明亮；

5）身体背面有黄色或白色的细点状斑，呈无规则密布；

6）腹面呈黄白色，散布黑斑，鳞片条带状排列整齐。

分类及保护级别：

卡氏巨蜥属于巨蜥属（*Varanus*），被列入CITES附录二。

205

粗脖巨蜥（*Varanus rudicollis*）

特征：

1）成体全长最大可达180cm；

2）体色以灰褐色为主，吻部细长；

3）头后方至颈部间的鳞片上均具有大型鳞骨；

4）头侧过眼有一黑色条纹，幼体尤其明显；

5）明显的亮色圆斑形成的带状纹及黄色斑点；

6）肩至颈部背面有大块明暗相间的不规则斑；

7）腹面鳞片排列整齐，且具斑纹。

分类及保护级别：

粗脖巨蜥属于巨蜥属（*Varanus*），被列入CITES附录二。

蚺科（*Boidae*）

红尾蚺（*Boa constrictor*）

特征：

1) 平均成体长度为 300cm，最长可达 400cm；

2) 头部和颈部可明显区分，眼后有深色条纹；

3) 头部小，吻长且前端较宽，无明显大鳞片；

4) 头背正中有深色的直条纹，少有短横纹交错；

5) 体色变化较大，由深色到浅色，多为灰色或灰棕色；

6) 尾通常具与躯体相似的色彩，尾部斑纹大多偏深红色；

7) 身体具有鞍形的色斑。

分类及保护级别：

红尾蚺属于蚺属（*Boa*），被列入 CITES 附录一或附录二。

杜氏蚺（*Boa dumerili*）

特征：

1）成体长 150~200cm；

2）躯体粗大，颈部较细，头颈分界明显；

3）头部呈等腰三角形，吻较尖，未见热感应窝；

4）身体表面为褐色，交错布有灰色及咖啡或暗红色之斑纹；

5）背部具有两种色调的鞍形棕色花纹；

6）头部具有"古"字形斑纹。

俗名：

古字蟒、迪氏蟒

分类及保护级别：

杜氏蚺属于蚺属（*Boa*），被列入 CITES 附录二。

彩虹蚺（*Epicrates cenchria*）

特征：

1）平均成体长度为200cm，眼突出；

2）身体较为细长，头部和颈部可明显区分；

3）身体鳞片有彩虹斑光泽，移动可见色彩变化；

4）体色变化较大，有些亚种具明显的椭圆形棕色斑；

5）躯体两侧则有暗褐色斑纹并列，但彼此并不相互对称；

6）头部有5条黑色的纵向条纹，外侧条纹贯穿眼部。

分类及保护级别：

彩虹蚺属于虹蚺属（*Epicrates*），被列入CITES附录二。

古巴蚺（*Epicrates angulifer*）

特征：

1）是虹蚺属里个体最大的，最大可达460cm；

2）头较宽，头部和颈部可明显区分；

3）身体鳞片有彩虹斑光泽，移动可见色彩变化；

4）身体底色以独特的银灰至黄褐色为主；

5）躯体具有红棕至黑色的大斑和鞍状斑；

6）头背面鳞片较大，几乎无醒目斑纹。

分类及保护级别：

古巴蚺属于虹蚺属（*Epicrates*），被列入 CITES 附录二。

翡翠树蚺（*Corallus caninus*）

特征：

1）成年个体长度在200cm以内；

2）头较宽，头部和颈部可明显区分；

3）成体颜色为翠绿色，幼体红色或橙黄色；

4）身体背部短横白斑呈一定规则排列；

5）头背面在眼的前面至吻端上部鳞片大于其他部位的；

6）热感应窝分布于吻鳞和两侧的上下唇鳞。

俗名：

翡翠树蟒、翠绿树蚺、翡翠蟒、翡翠蚺、葱绿树蚺。

分类及保护级别：

翡翠树蚺属于树蚺属（*Corallus*），被列入CITES附录二。

沙蚺（*Eryx colubrinus*）

特征：

1) 身体两端尖，中间粗，全长 40~90cm；

2) 躯体圆桶形，头部和颈部不易区分；

3) 头部鳞片除吻鳞及鼻鳞外，均细小；

4) 头部楔形，眼小，瞳孔呈细长形；

5) 尾部粗短，末端呈尖状；

6) 体色以黄棕色为底色，具有不规则大斑纹，腹部呈黄白色。

俗名：

沙蟒、东非沙蟒

分类及保护级别：

沙蚺属于沙蚺属（*Eryx*），被列入 CITES 附录二。

蟒科（*Pythonidae*）

缅蟒（*Python molurus*）

特征：

1）平均全长达 400cm，最长可达 700cm 以上；

2）体型长而粗，头颈部稍细，体背鳞小，腹面鳞宽大；

3）头略呈等腰三角形，头背前部鳞片大且对称；

4）头背有一暗棕色的矛状斑，头侧有一黑纹过眼斜向口角；

5）眼下有一条黑纹向后斜向唇缘；

6）从颈至尾有边缘黑色，中央色浅的褐色大块斑，两侧亦有较小的块斑。

7）白化类型有上述类似的特征，体色多呈黄白色。

俗名：

蟒、中国蟒、双带蟒

分类及保护级别：

缅蟒属于蟒蛇属（*Python*），被列入国家一级重点保护野生动物名录和 CITES 附录一或附录二。

毡蟒（*Morelia spilota*）

特征：

1）成体可达 200cm 以上，有记录达 400cm 的；

2）因身上花纹似常见地毯花纹而得名；

3）头较长且宽，头颈分界明显；

4）体具黄或淡褐的底色，且具有暗褐色大斑纹；

5）头部背面有类似于蝶形的深色花纹；

6）除吻端鳞大，头部其他位置鳞片小；

7）热感应窝位于吻鳞、上唇鳞前方和下唇鳞后方。

俗名：

地毯蟒

分类及保护级别：

毡蟒属于树蟒属（*Morelia*），被列入 CITES 附录二。

球蟒（*Pythonregius*）

特征：

1）一般成体长度100cm，最长可达250cm；

2）躯体较粗大，颈部较细，显得颈部较突兀；

3）底色淡褐色，具有不规则暗褐色斑纹，尾部呈直条花纹；

4）头部暗褐色，眼部上方有明显的直条纹；

5）热感应窝在上唇鳞上，尤其明显；

6）受惊吓后，常以头部为中心盘成圆球状而得名。

俗名：

国王蟒、皇蟒

分类及保护级别：

球蟒属于蟒蛇属（*Python*），被列入CITES附录二。

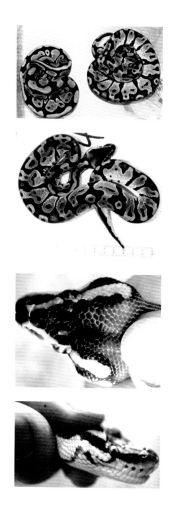

网蟒（*Python reticulatus*）

特征：

1）东南亚最大的蛇，最长可达1000cm；

2）体型稍细，通常体色为灰色或橄榄绿色；

3）头部背面正中有一纵向黑色细条纹；

4）另有两条细条纹由两眼延伸到嘴角；

5）眼眶为橘红色，头部鳞片大于其他部位鳞片；

6）吻鳞及前方4枚上唇鳞具明显的热感应窝；

7）背及体侧具黑、黄、橄榄绿色的斑纹；

8）腹部鳞片为淡黄色或白色。

分类及保护级别：

网蟒属于蟒蛇属（*Python*），被列入CITES附录二。

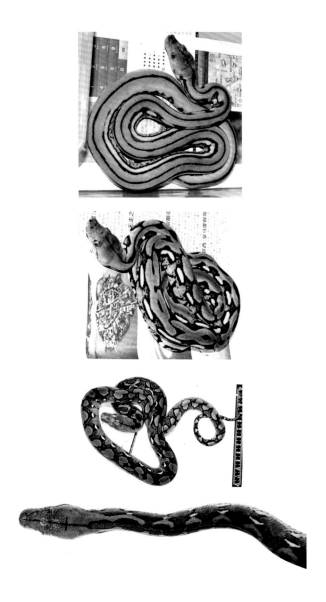

短尾蟒（*Python curtus*）

特征：

1）亚洲蟒中体型最小的，成体长 180~300cm；

2）躯体短而圆，头小颈细，头与颈易区分；

3）热感应窝位于吻鳞及最前方两枚上唇鳞；

4）头部较宽，头顶色浅，头侧色深；

5）体色以黄白或淡褐色为底色，尾较短；

6）躯体具很宽的棕色或黑色饰纹。

俗名：

血蟒

分类及保护级别：

短尾蟒属于蟒蛇属（*Python*），被列入 CITES 附录二。

绿树蟒（*Morelia viridis*）

特征：

1）成体全长 100~180cm；

2）身体粗壮，头部和颈部区分明显；

3）头部鳞片细小，粒状，热感应窝主要在吻鳞、上唇鳞前方和下唇鳞下方等位置；

4）身体颜色变化较大，幼体呈黄色、橘红色；

5）成体背面及身侧亮绿色，腹面主要为黄色；

6）幼体全身有边缘黑环纹的白色斑，有细纹过眼眶。

分类及保护级别：

绿树蟒属于树蟒属（*Morelia*），被列入 CITES 附录二。

鳄目 CROCODYLIA

鳄科（*Crocodylidae*）

暹罗鳄（*Crocodylus siamensis*）

特征：

1）成体可达 300~400cm；

2）吻部较为平扁，吻长约为吻基宽的 1.5 倍；

3）口闭合时第 4 下颌齿外露，嵌入上颌的一个外凹内；

4）项鳞 6 块排列成群，中间 4 块排列成一正方形，正方形外侧各附 1 鳞；

5）项鳞和枕鳞间有 1 列排列成行的鳞片；

6）项鳞与后枕鳞及背鳞彼此分开，距离较大；

7）尾背有双列鬣鳞 19~20 对，单列鬣鳞 17~19 个。

俗名：

泰国鳄

分类及保护级别：

暹罗鳄属于鳄属（*Crocodylus*），鳄目所有种均被列入 CITES 附录一或附录二。

珍贵濒危哺乳动物

懒猴科（*Lorisidae*）

蜂猴（*Nycticebus coucang*）

特征：

1）成体长度在28~38cm；

2）第二趾端具爪，其他指/趾均具甲；

3）尾短，隐于臀部的毛丛中；

4）眼大且圆，眼周和鼻部褐色，耳具深色斑；

5）头中央有一条深棕色纵纹，从头顶后方直至尾部；

6）体背及体侧棕灰色或橙黄色，腹棕色。

俗名：

懒猴、风猴

分类及保护级别：

蜂猴属于蜂猴属（*Nycticebus*），被列入国家一级重点保护野生动物名录和CITES附录一。

倭蜂猴（*Nycticebus pygmaeus*）

特征：

1）成体体长一般不超过25cm；

2）头圆，眼大且圆，几乎无尾；

3）第二趾端具爪，其他指/趾均具甲；

4）头、颈和背部中央暗色脊纹不明显；

5）被毛柔软卷曲呈绒状；

6）眼周及耳区具深色斑。

俗名：

小蜂猴、小懒猴、风猴、小风猴

分类及保护级别：

倭蜂猴属于蜂猴属（*Nycticebus*），被列入国家一级重点保护野生动物名录和CITES附录一。

猴科（*Cercopithecidae*）

猕猴（*Macaca mulatta*）

特征：

1）平均成体体长50cm，吻突出；

2）脸部裸露无毛、瘦削，头顶无毛旋；

3）前后肢几乎等长，指/趾均具甲；

4）掌背少毛、掌心裸出；

5）尾较长，约为体长之半；

6）主要毛色为灰黄色或灰褐色，腰部以下为橙黄色；

7）腹面淡灰黄色。

分类及保护级别：

猕猴属于猕猴属（*Macaca*），被列入国家二级重点保护野生动物名录和CITES附录二。

短尾猴（ *Macaca arctoides* ）

特征：

1）成体体长 50~56cm，尾短且毛少，其长度不及 10cm；

2）前后肢基本等长，指趾端均具扁平的指甲；

3）前额部分裸露无毛，几乎全部秃顶；

4）裸露的面部幼体肉红色，成体鲜红色；

5）头顶毛由中央向两侧披开；

6）体背毛色棕褐，腹面略浅。

俗名：

红面猴、断尾猴

分类及保护级别：

短尾猴属于猕猴属（ *Macaca* ），被列入国家二级重点保护野生动物名录和 CITES 附录二。

川金丝猴（ *Rhinopithecus roxellana* ）

特征：

1) 身体较粗壮，成体体长 54~71cm，尾长 52~76cm；

2) 鼻孔上仰，上下颌突出；

3) 面部裸露部分呈倒三角形，为天蓝色；

4) 前后肢基本等长，指、趾末端均具扁平的指甲；

5) 颊及颈侧棕红，背肩部有耷拉下来的长毛；

6) 整体体色以金黄为主，雄性背部有黑色长毛。

分类及保护级别：

川金丝猴属于仰鼻猴属（ *Rhinopithecus* ），被列入国家一级重点保护野生动物名录和CITES附录一。

悬猴科（*Cebidae*）

白耳狨（*Callithrix aurita*）

特征：

1) 成体体长 19~25cm，尾长 27~35cm，后肢略长于前肢；

2) 仅大脚趾具扁甲，其余各指、趾均为尖爪；

3) 全身毛色以黑、白、灰为主；

4) 颜面部少毛，以黄白色为主，鼻吻发黑；

5) 耳具发达的白或黄白色松散毛丛，喉、头及颊黑色；

6) 尾以灰白色为主，有不明显黑色环纹。

分类及保护级别：

白耳狨属于狨属（*Callithrix*），被列入 CITES 附录一。

侏儒狨（*Callithrix pygmaea*）

特征：

1）一般成体体长与成年人中指长度相当，后肢略长于前肢；

2）仅大脚趾具扁甲，其余各指、趾均为尖爪；

3）全身毛色以黑、褐、灰棕为主；

4）头圆耳短，鼻孔间隔大，颜面部少毛，多肉红色；

5）身体背面有浅、暗色交错形成的不明显斑纹；

6）尾长大于体长，有黑色环纹。

俗名：

拇指猴、指猴

分类及保护级别：

侏儒狨属于狨属（*Callithrix*），被列入 CITES 附录一。

松鼠猴（ *Saimiri sciureus* ）

特征：

1）成体体长 20~40cm，尾长 42cm 左右；

2）身形纤细，耳大，尾长超过体长；

3）前后肢基本等长，指趾端均具扁平的指甲；

4）头部深橄榄色，眼周肉红色，鼻吻部黑色；

5）面部裸露少毛，面部、喉、耳缘呈白色；

6）背部、手和脚为金黄色，腹部呈浅灰色。

分类及保护级别：

松鼠猴属于松鼠猴属（ *Saimiri* ），被列入 CITES 附录二。

黑帽悬猴（*Cebus apella*）

特征：

1）成体体长 32~57cm，尾长 38~56cm；

2）身形较粗壮，尾发达，常向下卷曲；

3）前后肢基本等行，指趾端均具扁平的指甲；

4）头部较圆，头顶黑色，无上翘的毛；

5）鼻吻较扁平，鼻孔开向两侧；

6）身体颜色以褐色、黄色到黑色为主；

7）手和脚的体色偏深，肩和下腹体色偏浅。

俗名：

卷尾猴

分类及保护级别：

黑帽悬猴属于卷尾猴属（*Cebus*），被列入 CITES 附录二。

人科（*Hominidae*）❶

猩猩（*Pongo pygmaeus*）

特征：

1）身长可达 137cm，最大可达 180cm，雌性稍小；

2）身体粗壮，无尾，臀部有胼胝体；

3）体毛长而稀疏，呈红棕色；

4）脸部有裸区，眼小，鼻孔大，嘴突出；

5）前肢远长于后肢，指趾端均具扁平的指甲；

6）肩和背部有 20cm 左右的长毛。

俗名：

红毛猩猩、红猩猩

分类及保护级别：

猩猩属于猩猩属（*Pongo*），被列入 CITES 附录一。

---

❶ 按 CITES 附录（2017 年版）将猩猩放入人科。

小熊猫科（*Ailuridae*）

小熊猫（*Ailurus fulgens*）

特征：

1）成体体长 50~64cm，尾长 28~50cm；

2）全身主要毛色为红褐色，毛长而蓬松；

3）身体较粗壮，头圆耳大，颜面部白斑对称；

4）嘴周围、眉嵴、耳缘和颊白色，鼻吻黑色；

5）尾粗大而蓬松，具 9 个棕黑与棕黄色相间的环纹；

6）四肢粗短，颜色偏深为棕黑色。

俗名：

红熊猫、红猫熊、小猫熊、九节狼

分类及保护级别：

小熊猫属于小熊猫属（*Ailurus*），被列入国家二级重点保护野生动物名录和CITES附录一。

猫科（*Felidae*）

薮猫（*Leptailurus serval*）

特征：

1）成体体长 67~100cm，尾长 30~40cm；

2）躯干和四肢修长，肩高 54~62cm；

3）背及体侧底色为皮黄色，腹面及嘴下白色；

4）耳长而圆，耳背黑色，有一白纹间隔；

5）两耳间的头顶处有数条纵向斑纹向背部延伸；

6）自肩起至臀部满布点状黑斑，四肢亦有黑斑；

7）尾具黑色环状斑纹，尾尖黑色。

分类及保护级别：

薮猫属于薮猫属（*Leptailurus*），被列入 CITES 附录二。

珍贵濒危两栖动物

钝口螈科（*Ambystomatidae*）

墨西哥钝口螈（*Ambystoma mexicanum*）

特征：

1）成体体长25~30cm；

2）全身皮肤裸露无鳞甲；

3）四肢和足均短，前肢各4趾，后肢各5趾；

4）尾终生存在，长且侧扁；

5）背鳍向后延伸至尾端，臀鳍由肛孔延伸到尾；

6）头两侧各具3条外鳃须。

俗名：

六角恐龙

分类及保护级别：

墨西哥钝口螈属于钝口螈属（*Ambystoma*），被列入CITES附录二。

蝾螈科（*Salamandridae*）

红瘰疣螈（*Tylototriton verrucosus*）

特征：

1）成体体长 13~17cm；

2）全身皮肤裸露无鳞甲，尾终生存在，长且侧扁；

3）四肢和足均短，前肢各4指，后肢各5趾；

4）全身体色以橙红色和黑色为主；

5）身体两侧各具一列圆球形瘰粒，彼此界限分明；

6）头部扁平，两侧脊棱显著，橙红色。

俗名：

红娃娃鱼、娃娃蛇、红蛤蚧

分类及保护级别：

红瘰疣螈属于疣螈属（*Tylototriton*），被列入国家二级重点保护野生动物名录。

中·文·索·引

INDEX

参考文献

[1]长坂拓也. 爬行类·两栖类800种图鉴: 第2版[M]. 林奇生,译.台北: 展新文化事业股份有限公司, 2002.

[2]奥谢, 哈利戴. 两栖与爬行动物[M]. 王跃招,译.北京: 中国友谊出版公司,2005.

[3]布罗克. 哺乳动物[M]. 王德华, 等,译.北京: 中国友谊出版公司, 2005.

[4]蔡锦文. 世界鹦鹉图鉴: 第二版[M]. 台北: 猫头鹰出版社,2008.

[5]胡诗佳, 彭建军, 王利利.鳄鱼皮的分类和鉴定方法（Ⅰ）[J]. 林业实用技术,2008(9): 12-14.

[6]胡诗佳, 彭建军, 王利利. 鳄鱼皮的分类和鉴定方法（Ⅱ）[J]. 林业实用技术, 2008（10）: 13-14.

[7]季达明, 温世生.中国爬行动物图鉴[M]. 郑州: 河南科学技术出版社,2002.

[8]马敬能, 菲利普斯,何芬奇, 等. 中国鸟类野外手册[M]. 长沙: 湖南教育出版社,2000.

[9]史海涛, 侯勉, PRITCHARD P, 等. 中国贸易龟类检索
图鉴: 修订版[M]. 北京: 中国大百科全书出版社,
2011.

[10]周婷. 龟鳖分类图鉴[M]. 北京: 中国农业出版社,
2004.

[11]MATTISON C. Snake[M]. New York: DK publishing,
2006.

[12]FORSHAW J M, KNIGHT F. Parrots of the world[M].
Princeton: Princeton university press, 2010.

附　录

中华人民共和国野生动物保护法

（1988年11月8日第七届全国人民代表大会常务委员会第四次会议通过。根据2004年8月28日第十届全国人民代表大会常务委员会第十一次会议《关于修改〈中华人民共和国野生动物保护法〉的决定》第一次修正；根据2009年8月27日第十一届全国人民代表大会常务委员会第十次会议《关于修改部分法律的决定》第二次修正；2016年7月2日第十二届全国人民代表大会常务委员会第二十一次会议修订）

第一章　总则

第一条　为了保护野生动物，拯救珍贵、濒危野生动物，维护生物多样性和生态平衡，推进生态文明建设，制定本法。

第二条　在中华人民共和国领域及管辖的其他海域,从事野生动物保护及相关活动,适用本法。

本法规定保护的野生动物,是指珍贵、濒危的陆生、水生野生动物和有重要生态、科学、社会价值的陆生野生动物。

本法规定的野生动物及其制品,是指野生动物的整体(含卵、蛋)、部分及其衍生物。

珍贵、濒危的水生野生动物以外的其他水生野生动物的保护,适用《中华人民共和国渔业法》等有关法律的规定。

第三条　野生动物资源属于国家所有。

国家保障依法从事野生动物科学研究、人工繁育等保护及相关活动的组织和个人的合法权益。

第四条　国家对野生动物实行保护优先、规范利用、严格监管的原则,鼓励开展野生动物科学研究,培育公民保护野生动物的意识,促进人与自然和谐发展。

第五条　国家保护野生动物及其栖息地。县级以上人民政府应当制定野生动物及其栖息地相关保护规划和措施,并将野生动物保护经费纳入预算。

国家鼓励公民、法人和其他组织依法通过捐赠、资助、志愿服务等方式参与野生动物保护活动,支持野生动物保护公益事业。

本法规定的野生动物栖息地,是指野生动物野外种群生息繁衍的重要区域。

第六条　任何组织和个人都有保护野生动物及其栖息地的义务。禁止违法猎捕野生动物、破坏野生动物栖息地。

任何组织和个人都有权向有关部门和机关举报或者控告违反本法的行为。野生动物保护主管部门和其他有关部门、机关对举报或者控告,应当及时依法处理。

第七条　国务院林业、渔业主管部门分别主管全国陆生、水生野生动物保护工作。

县级以上地方人民政府林业、渔业主管部门分别主管本行政区域内陆生、水生野生动物保护工作。

第八条　各级人民政府应当加强野生动物保护的宣传教育和科学知识普及工作,鼓励和支持基层群众性自治组织、社会组织、企业事业单位、志愿者开展野生动物保护法律法规和保护知识的宣传活动。

教育行政部门、学校应当对学生进行野生动物保护知识教育。

新闻媒体应当开展野生动物保护法律法规和保护知识的宣传,对违法行为进行舆论监督。

第九条　在野生动物保护和科学研究方面成绩显著的组织和个人,由县级以上人民政府给予奖励。

第二章　野生动物及其栖息地保护

第十条　国家对野生动物实行分类分级保护。

国家对珍贵、濒危的野生动物实行重点保护。国家重点保护的野生动物分为一级保护野生动物和二级保护野生动物。国家重点保护野生动物名录,由国务院野生动物保护主管部门组织科学评估后制定,并每五年根据评估情况确定对名录进行调整。国家重点保护野生动物名录报国务院批准公布。

地方重点保护野生动物,是指国家重点保护野生动物以外,由省、自治区、直辖市重点保护的野生动物。地方重点保护野生动物名录,由省、自治区、直辖市人民政府组织科学评估后制定、调整并公布。

有重要生态、科学、社会价值的陆生野生动物名录,由国务院野生动物保护主管部门组织科学评估后制定、调整并公布。

第十一条　县级以上人民政府野生动物保护主管部门,应当定期组织或者委托有关科学研究机构对野生动物及其栖息地状况进行调查、监测和评估,建立健全野生动物及其栖息地档案。

对野生动物及其栖息地状况的调查、监测和评估应当包括下列内容:

(一)野生动物野外分布区域、种群数量及结构;

（二）野生动物栖息地的面积、生态状况；

（三）野生动物及其栖息地的主要威胁因素；

（四）野生动物人工繁育情况等其他需要调查、监测和评估的内容。

第十二条　国务院野生动物保护主管部门应当会同国务院有关部门，根据野生动物及其栖息地状况的调查、监测和评估结果，确定并发布野生动物重要栖息地名录。

省级以上人民政府依法划定相关自然保护区域，保护野生动物及其重要栖息地，保护、恢复和改善野生动物生存环境。对不具备划定相关自然保护区域条件的，县级以上人民政府可以采取划定禁猎（渔）区、规定禁猎（渔）期等其他形式予以保护。

禁止或者限制在相关自然保护区域内引入外来物种、营造单一纯林、过量施洒农药等人为干扰、威胁野生动物生息繁衍的行为。

相关自然保护区域，依照有关法律法规的规定划定和管理。

第十三条　县级以上人民政府及其有关部门在编制有关开发利用规划时，应当充分考虑野生动物及其栖息地保护的需要，分析、预测和评估规划实施可能对野生动物及其栖息地保护产生的整体影响，避免或者减少规划实施可能造成的不利后果。

禁止在相关自然保护区域建设法律法规规定不得建设的项目。机场、铁路、公路、水利水电、围堰、围填海等建设项目的选址选线,应当避让相关自然保护区域、野生动物迁徙洄游通道;无法避让的,应当采取修建野生动物通道、过鱼设施等措施,消除或者减少对野生动物的不利影响。

建设项目可能对相关自然保护区域、野生动物迁徙洄游通道产生影响的,环境影响评价文件的审批部门在审批环境影响评价文件时,涉及国家重点保护野生动物的,应当征求国务院野生动物保护主管部门意见;涉及地方重点保护野生动物的,应当征求省、自治区、直辖市人民政府野生动物保护主管部门意见。

第十四条　各级野生动物保护主管部门应当监视、监测环境对野生动物的影响。由于环境影响对野生动物造成危害时,野生动物保护主管部门应当会同有关部门进行调查处理。

第十五条　国家或者地方重点保护野生动物受到自然灾害、重大环境污染事故等突发事件威胁时,当地人民政府应当及时采取应急救助措施。

县级以上人民政府野生动物保护主管部门应当按照国家有关规定组织开展野生动物收容救护工作。

禁止以野生动物收容救护为名买卖野生动物及其

制品。

第十六条　县级以上人民政府野生动物保护主管部门、兽医主管部门,应当按照职责分工对野生动物疫源疫病进行监测,组织开展预测、预报等工作,并按照规定制定野生动物疫情应急预案,报同级人民政府批准或者备案。

县级以上人民政府野生动物保护主管部门、兽医主管部门、卫生主管部门,应当按照职责分工负责与人畜共患传染病有关的动物传染病的防治管理工作。

第十七条　国家加强对野生动物遗传资源的保护,对濒危野生动物实施抢救性保护。

国务院野生动物保护主管部门应当会同国务院有关部门制定有关野生动物遗传资源保护和利用规划,建立国家野生动物遗传资源基因库,对原产我国的珍贵、濒危野生动物遗传资源实行重点保护。

第十八条　有关地方人民政府应当采取措施,预防、控制野生动物可能造成的危害,保障人畜安全和农业、林业生产。

第十九条　因保护本法规定保护的野生动物,造成人员伤亡、农作物或者其他财产损失的,由当地人民政府给予补偿。具体办法由省、自治区、直辖市人民政府制定。有关地方人民政府可以推动保险机构开展野生动物致害赔偿保险业务。

有关地方人民政府采取预防、控制国家重点保护野生动物造成危害的措施以及实行补偿所需经费,由中央财政按照国家有关规定予以补助。

第三章　野生动物管理

第二十条　在相关自然保护区域和禁猎(渔)区、禁猎(渔)期内,禁止猎捕以及其他妨碍野生动物生息繁衍的活动,但法律法规另有规定的除外。

野生动物迁徙洄游期间,在前款规定区域外的迁徙洄游通道内,禁止猎捕并严格限制其他妨碍野生动物生息繁衍的活动。迁徙洄游通道的范围以及妨碍野生动物生息繁衍活动的内容,由县级以上人民政府或者其野生动物保护主管部门规定并公布。

第二十一条　禁止猎捕、杀害国家重点保护野生动物。

因科学研究、种群调控、疫源疫病监测或者其他特殊情况,需要猎捕国家一级保护野生动物的,应当向国务院野生动物保护主管部门申请特许猎捕证;需要猎捕国家二级保护野生动物的,应当向省、自治区、直辖市人民政府野生动物保护主管部门申请特许猎捕证。

第二十二条　猎捕非国家重点保护野生动物的,应当依法取得县级以上地方人民政府野生动物保护主管部门核发的狩猎证,并且服从猎捕量限额管理。

第二十三条　猎捕者应当按照特许猎捕证、狩猎证规定的种类、数量、地点、工具、方法和期限进行猎捕。

持枪猎捕的,应当依法取得公安机关核发的持枪证。

第二十四条　禁止使用毒药、爆炸物、电击或者电子诱捕装置以及猎套、猎夹、地枪、排铳等工具进行猎捕,禁止使用夜间照明行猎、歼灭性围猎、捣毁巢穴、火攻、烟熏、网捕等方法进行猎捕,但因科学研究确需网捕、电子诱捕的除外。

前款规定以外的禁止使用的猎捕工具和方法,由县级以上地方人民政府规定并公布。

第二十五条　国家支持有关科学研究机构因物种保护目的人工繁育国家重点保护野生动物。

前款规定以外的人工繁育国家重点保护野生动物实行许可制度。人工繁育国家重点保护野生动物的,应当经省、自治区、直辖市人民政府野生动物保护主管部门批准,取得人工繁育许可证,但国务院对批准机关另有规定的除外。

人工繁育国家重点保护野生动物应当使用人工繁育子代种源,建立物种系谱、繁育档案和个体数据。因物种保护目的确需采用野外种源的,适用本法第二十一条和

第二十三条的规定。

本法所称人工繁育子代，是指人工控制条件下繁殖出生的子代个体且其亲本也在人工控制条件下出生。

第二十六条　人工繁育国家重点保护野生动物应当有利于物种保护及其科学研究，不得破坏野外种群资源，并根据野生动物习性确保其具有必要的活动空间和生息繁衍、卫生健康条件，具备与其繁育目的、种类、发展规模相适应的场所、设施、技术，符合有关技术标准和防疫要求，不得虐待野生动物。

省级以上人民政府野生动物保护主管部门可以根据保护国家重点保护野生动物的需要，组织开展国家重点保护野生动物放归野外环境工作。

第二十七条　禁止出售、购买、利用国家重点保护野生动物及其制品。

因科学研究、人工繁育、公众展示展演、文物保护或者其他特殊情况，需要出售、购买、利用国家重点保护野生动物及其制品的，应当经省、自治区、直辖市人民政府野生动物保护主管部门批准，并按照规定取得和使用专用标识，保证可追溯，但国务院对批准机关另有规定的除外。

实行国家重点保护野生动物及其制品专用标识的范围和管理办法，由国务院野生动物保护主管部门规定。

出售、利用非国家重点保护野生动物的,应当提供狩猎、进出口等合法来源证明。

出售本条第二款、第四款规定的野生动物的,还应当依法附有检疫证明。

第二十八条 对人工繁育技术成熟稳定的国家重点保护野生动物,经科学论证,纳入国务院野生动物保护主管部门制定的人工繁育国家重点保护野生动物名录。对列入名录的野生动物及其制品,可以凭人工繁育许可证,按照省、自治区、直辖市人民政府野生动物保护主管部门核验的年度生产数量直接取得专用标识,凭专用标识出售和利用,保证可追溯。

对本法第十条规定的国家重点保护野生动物名录进行调整时,根据有关野外种群保护情况,可以对前款规定的有关人工繁育技术成熟稳定野生动物的人工种群,不再列入国家重点保护野生动物名录,实行与野外种群不同的管理措施,但应当依照本法第二十五条第二款和本条第一款的规定取得人工繁育许可证和专用标识。

第二十九条 利用野生动物及其制品的,应当以人工繁育种群为主,有利于野外种群养护,符合生态文明建设的要求,尊重社会公德,遵守法律法规和国家有关规定。

野生动物及其制品作为药品经营和利用的,还应当遵守有关药品管理的法律法规。

第三十条 禁止生产、经营使用国家重点保护野生动物及其制品制作的食品,或者使用没有合法来源证明的非国家重点保护野生动物及其制品制作的食品。

禁止为食用非法购买国家重点保护的野生动物及其制品。

第三十一条 禁止为出售、购买、利用野生动物或者禁止使用的猎捕工具发布广告。禁止为违法出售、购买、利用野生动物制品发布广告。

第三十二条 禁止网络交易平台、商品交易市场等交易场所,为违法出售、购买、利用野生动物及其制品或者禁止使用的猎捕工具提供交易服务。

第三十三条 运输、携带、寄递国家重点保护野生动物及其制品、本法第二十八条第二款规定的野生动物及其制品出县境的,应当持有或者附有本法第二十一条、第二十五条、第二十七条或者第二十八条规定的许可证、批准文件的副本或者专用标识,以及检疫证明。

运输非国家重点保护野生动物出县境的,应当持有狩猎、进出口等合法来源证明,以及检疫证明。

第三十四条 县级以上人民政府野生动物保护主管部门应当对科学研究、人工繁育、公众展示展演等利用野生动物及其制品的活动进行监督管理。

县级以上人民政府其他有关部门,应当按照职责分工对野生动物及其制品出售、购买、利用、运输、寄递等活动进行监督检查。

第三十五条 中华人民共和国缔结或者参加的国际公约禁止或者限制贸易的野生动物或者其制品名录,由国家濒危物种进出口管理机构制定、调整并公布。

进出口列入前款名录的野生动物或者其制品的,出口国家重点保护野生动物或者其制品的,应当经国务院野生动物保护主管部门或者国务院批准,并取得国家濒危物种进出口管理机构核发的允许进出口证明书。依法实施进出境检疫。海关凭允许进出口证明书、检疫证明按照规定办理通关手续。

涉及科学技术保密的野生动物物种的出口,按照国务院有关规定办理。

列入本条第一款名录的野生动物,经国务院野生动物保护主管部门核准,在本法适用范围内可以按照国家重点保护的野生动物管理。

第三十六条 国家组织开展野生动物保护及相关执法活动的国际合作与交流;建立防范、打击野生动物及其制品的走私和非法贸易的部门协调机制,开展防范、打击走私和非法贸易行动。

第三十七条 从境外引进野生动物物种的,应当经国务院野生动物保护主管部门批准。从境外引进列入本法第三十五条第一款名录的野生动物,还应当依法取得允许进出口证明书。依法实施进境检疫。海关凭进口批准文件或者允许进出口证明书以及检疫证明按照规定办理通关手续。

从境外引进野生动物物种的,应当采取安全可靠的防范措施,防止其进入野外环境,避免对生态系统造成危害。确需将其放归野外的,按照国家有关规定执行。

第三十八条　任何组织和个人将野生动物放生至野外环境,应当选择适合放生地野外生存的当地物种,不得干扰当地居民的正常生活、生产,避免对生态系统造成危害。随意放生野生动物,造成他人人身、财产损害或者危害生态系统的,依法承担法律责任。

第三十九条　禁止伪造、变造、买卖、转让、租借特许猎捕证、狩猎证、人工繁育许可证及专用标识,出售、购买、利用国家重点保护野生动物及其制品的批准文件,或者允许进出口证明书、进出口等批准文件。

前款规定的有关许可证书、专用标识、批准文件的发放情况,应当依法公开。

第四十条　外国人在我国对国家重点保护野生动物进行野外考察或者在野外拍摄电影、录像,应当经省、自治区、直辖市人民政府野生动物保护主管部门或者其授权的单位批准,并遵守有关法律法规规定。

第四十一条　地方重点保护野生动物和其他非国家重点保护野生动物的管理办法,由省、自治区、直辖市人民代表大会或者其常务委员会制定。

第四章　法律责任

第四十二条　野生动物保护主管部门或者其他有关部门、机关不依法作出行政许可决定,发现违法行为或者接到对违法行为的举报不予查处或者不依法查处,或者有滥用职权等其他不依法履行职责的行为的,由本级人民政府或者上级人民政府有关部门、机关责令改正,对负有责任的主管人员和其他直接责任人员依法给予记过、记大过或者降级处分;造成严重后果的,给予撤职或者开除处分,其主要负责人应当引咎辞职;构成犯罪的,依法追究刑事责任。

第四十三条　违反本法第十二条第三款、第十三条第二款规定的,依照有关法律法规的规定处罚。

第四十四条　违反本法第十五条第三款规定,以收容救护为名买卖野生动物及其制品的,由县级以上人民政府野生动物保护主管部门没收野生动物及其制品、违法所得,并处野生动物及其制品价值二倍以上十倍以下的罚款,将有关违法信息记入社会诚信档案,向社会公布;构成犯罪的,依法追究刑事责任。

第四十五条　违反本法第二十条、第二十一条、第二十三条第一款、第二十四条第一款规定,在相关自然保护区域、禁猎(渔)区、禁猎(渔)期猎捕国家重点保护野生动物,未取得特许猎捕证、未按照特许猎捕证规定猎捕、杀害国家重点保护野生动物,或者使用禁用的工具、方法猎捕国家重点保护野生动物的,由县级以上人民政府野生动物保护主管部门、海洋执法部门或者有关保护区域管理机构按照职责分工没收猎获物、猎捕工具和违法所得,吊销特许猎捕证,并处猎获物价值二倍以上十倍以下的罚款;没有猎获物的,并处一万元以上五万元以下的罚款;构成犯罪的,依法追究刑事责任。

第四十六条　违反本法第二十条、第二十二条、第二十三条第一款、第二十四条第一款规定,在相关自然保护区域、禁猎(渔)区、禁猎(渔)期猎捕非国家重点保护野生动物,未取得狩猎证、未按照狩猎证规定猎捕非国家重点保护野生动物,或者使用禁用的工具、方法猎捕非国家重点保护野生动物的,由县级以上地方人民政府野生动物保护主管部门或者有关保护区域管理机构按照职责分工没收猎获物、猎捕工具和违法所得,吊销狩猎证,并处猎获物价值一倍以上五倍以下的罚款;没有猎获物的,并处二千元以上一万元以下的罚款;构成犯罪的,依法追究刑事责任。

违反本法第二十三条第二款规定,未取得持枪证持枪猎捕野生动物,构成违反治安管理行为的,由公安机关依法给予治安管理处罚;构成犯罪的,依法追究刑事责任。

第四十七条 违反本法第二十五条第二款规定,未取得人工繁育许可证繁育国家重点保护野生动物或者本法第二十八条第二款规定的野生动物的,由县级以上人民政府野生动物保护主管部门没收野生动物及其制品,并处野生动物及其制品价值一倍以上五倍以下的罚款。

第四十八条 违反本法第二十七条第一款和第二款、第二十八条第一款、第三十三条第一款规定,未经批准、未取得或者未按照规定使用专用标识,或者未持有、未附有人工繁育许可证、批准文件的副本或者专用标识出售、购买、利用、运输、携带、寄递国家重点保护野生动物及其制品或者本法第二十八条第二款规定的野生动物及其制品的,由县级以上人民政府野生动物保护主管部门或者工商行政管理部门按照职责分工没收野生动物及其制品和违法所得,并处野生动物及其制品价值二倍以上十倍以下的罚款;情节严重的,吊销人工繁育许可证、撤销批准文件、收回专用标识;构成犯罪的,依法追究刑事责任。

　　违反本法第二十七条第四款、第三十三条第二款规定,未持有合法来源证明出售、利用、运输非国家重点保护野生动物的,由县级以上地方人民政府野生动物保护主管部门或者工商行政管理部门按照职责分工没收野生动物,并处野生动物价值一倍以上五倍以下的罚款。

　　违反本法第二十七条第五款、第三十三条规定,出售、运输、携带、寄递有关野生动物及其制品未持有或者未附有检疫证明的,依照《中华人民共和国动物防疫法》的规定处罚。

　　第四十九条　违反本法第三十条规定,生产、经营使用国家重点保护野生动物及其制品或者没有合法来源证明的非国家重点保护野生动物及其制品制作食品,或者为食用非法购买国家重点保护的野生动物及其制品的,由县级以上人民政府野生动物保护主管部门或者工商行政管理部门按照职责分工责令停止违法行为,没收野生动物及其制品和违法所得,并处野生动物及其制品价值二倍以上十倍以下的罚款;构成犯罪的,依法追究刑事责任。

　　第五十条　违反本法第三十一条规定,为出售、购买、利用野生动物及其制品或者禁止使用的猎捕工具发布广告的,依照《中华人民共和国广告法》的规定处罚。

　　第五十一条　违反本法第三十二条规定,为违法出售、购买、利用野生动物及其制品或者禁止使用的猎捕工具提供交易服务的,由县级以上人民政府工商行政管理部门责令停止违法行为,限期改正,没收违法所得,并处违法所得二倍以上五倍以下的罚款;没有违法所得的,处一万元以上五万元以下的罚款;构成犯罪的,依法追究刑事责任。

第五十二条　违反本法第三十五条规定,进出口野生动物或者其制品的,由海关、检验检疫、公安机关、海洋执法部门依照法律、行政法规和国家有关规定处罚;构成犯罪的,依法追究刑事责任。

第五十三条　违反本法第三十七条第一款规定,从境外引进野生动物物种的,由县级以上人民政府野生动物保护主管部门没收所引进的野生动物,并处五万元以上二十五万元以下的罚款;未依法实施进境检疫的,依照《中华人民共和国进出境动植物检疫法》的规定处罚;构成犯罪的,依法追究刑事责任。

第五十四条　违反本法第三十七条第二款规定,将从境外引进的野生动物放归野外环境的,由县级以上人民政府野生动物保护主管部门责令限期捕回,处一万元以上五万元以下的罚款;逾期不捕回的,由有关野生动物保护主管部门代为捕回或者采取降低影响的措施,所需费用由被责令限期捕回者承担。

第五十五条　违反本法第三十九条第一款规定,伪造、变造、买卖、转让、租借有关证件、专用标识或者有关批准文件的,由县级以上人民政府野生动物保护主管部门没收违法证件、专用标识、有关批准文件和违法所得,并处五万元以上二十五万元以下的罚款;构成违反治安管理行为的,由公安机关依法给予治安管理处罚;构成犯罪的,依法追究刑事责任。

第五十六条　依照本法规定没收的实物,由县级以上人民政府野生动物保护主管部门或者其授权的单位按照规定处理。

第五十七条　本法规定的猎获物价值、野生动物及其制品价值的评估标准和方法,由国务院野生动物保护主管部门制定。

第五章　附则

第五十八条　本法自2017年1月1日起施行。